U0333766

蔬菜生产低碳化与生态补偿机制研究

宋 博　穆月英◎著

STUDY ON LOW-CARBON AND
ECOLOGICAL COMPENSATION MECHANISM
OF VEGETABLE PRODUCTION

中国经济出版社
CHINA ECONOMIC PUBLISHING HOUSE

·北京·

图书在版编目（CIP）数据

蔬菜生产低碳化与生态补偿机制研究／宋博，穆月
英著 . -- 北京：中国经济出版社，2020.7
ISBN 978 - 7 - 5136 - 6162 - 1

Ⅰ.①蔬… Ⅱ.①宋…②穆… Ⅲ.①蔬菜园艺 - 低
碳经济 - 研究 - 中国 ②蔬菜园艺 - 生态环境 - 补偿机制 -
研究 - 中国 Ⅳ.①S63②F326.13

中国版本图书馆 CIP 数据核字（2020）第 078937 号

责任编辑　李煜萍　李若雯
责任校对　王　帅
责任印制　巢新强

出版发行　中国经济出版社
印　刷　者　北京九州迅驰传媒文化有限公司
经　销　者　各地新华书店
开　　本　710mm×1000mm　1/16
印　　张　10.75
字　　数　165 千字
版　　次　2020 年 7 月第 1 版
印　　次　2020 年 7 月第 1 次
定　　价　58.00 元

广告经营许可证　京西工商广字第 8179 号

中国经济出版社 网址 www.economyph.com 社址 北京市东城区安定门外大街 58 号 邮编 100011
本版图书如存在印装质量问题，请与本社销售中心联系调换（联系电话：010 - 57512564）

本研究得到以下项目资助

国家社会科学基金项目

"乡村振兴中农村金融机构双重目标失衡与再平衡研究"

（编号：19CJY044）

国家自然科学基金项目

"空间均衡视角下蔬菜跨区域供给、地区结构及供给效应研究"

（编号：71773121）

现代农业产业技术体系北京市果类蔬菜产业创新团队项目

（编号：BAIC01－2013）

国家社会科学基金重大项目

"我国粮食生产的水资源时空匹配及优化路径研究"

（编号：18ZDA074）

前言
Preface

　　气候变化是当今人类面临的最为严峻的全球性环境问题，目前我国已经成为引导应对气候变化国际合作的重要参与者、贡献者和引领者。早在 2009 年 11 月，我国就已将二氧化碳排放作为硬性约束指标纳入国民经济和社会发展的中长期规划中，并计划，到 2020 年，我国单位国内生产总值二氧化碳排放量比 2005 年下降 40% ~ 45%。为达成这一减排目标，我国于 2011 年和 2016 年分别印发了《"十二五"控制温室气体排放工作方案》和《"十三五"控制温室气体排放工作方案》。2017 年 10 月 18 日，党的十九大报告又明确提出了建立健全绿色、低碳循环发展的经济体系。至此，走绿色低碳发展之路已上升为我国经济发展的国家战略。农业是仅次于工业的第二大温室气体排放来源，而我国又是农业大国，因此发展低碳农业符合我国应对气候变化的相关政策和行动目标。蔬菜是种植面积仅次于粮食的第二大农作物。随着日光温室大棚技术的推广，蔬菜生产的集约化程度得到了突飞猛进的提升，化肥、农药、农膜等化学品的密集投入在提高蔬菜产量的同时也产生了大量的碳排放。在此背景下，探索我国蔬菜生产的低碳发展之路具有重要的现实意义。

　　本书的主要内容是基于蔬菜生产碳足迹的核算与评价，对蔬菜生产低碳化的边际效应、驱动因素和农户的技术采用行为及支付意愿进行分析，并从补偿主体、补偿标准和补偿方式等方面构建了蔬菜生产低碳化的生态补偿机制。研究内容既有对蔬菜生产低碳化的理论分析，也有对蔬菜生产低碳化边际效应、驱动因素、技术采用和支付意愿的实证分析。

关于农业生产低碳化发展的问题，目前国内外相关研究具有以下特点：一是对蔬菜生产的发展模式、蔬菜种植户的生产行为，以及相关政策的实施效果进行研究，但考虑到生态环境问题的较少。二是对整个农业部门或省域农业生产进行宏观研究，但从微观农户视角分析我国低碳农业减排成本及生产绩效的研究却极为少见。三是对农户采用低碳生产技术的行为进行单一的研究，而没有考虑到农户采用多项低碳生产技术时的关联效应。四是对农田碳汇功能生态补偿机制的研究还处于探索阶段，仍存在实证性及应用性的研究欠缺和生态功能单元拓展窄狭等突出问题。

低碳农业有着非常丰富的内容，是当前资源与环境经济学、生态经济学尤其是低碳经济学的研究热点。国内外针对低碳农业的研究虽然已经持续多年，但由于研究侧重点主要放在了森林、草原、粮食等功能单元上，截至目前还没有发现关于蔬菜生产低碳化的系统研究。鉴于此，本研究通过多年的探索，在对蔬菜生产低碳化进行理论分析的基础上，不仅构建了"蔬菜生产碳足迹—低碳化—生态补偿机制"有机结合的综合性系统性研究框架，而且运用一系列数量经济分析方法，从不同视角对我国蔬菜生产低碳发展的相关问题进行多维度多层面的定量分析。应该说，本书的出版，将开启本研究团队对相关后续问题进行深入研究的序幕。

本书在中国农业大学经济管理学院宋博的博士学位论文《蔬菜生产碳足迹、低碳化与生态补偿机制》的基础上，由导师穆月英教授和课题组成员进一步补充修改完成。中国农业大学经济管理学院的领导和老师、河南工业大学经济贸易学院的领导和老师以及中国经济出版社的编辑李煜萍、李若雯老师等为本书的出版提供了大力支持和帮助，并付出了大量心血，在此一并致以诚挚的谢意！本书存在的不足之处，敬请各位专家和广大读者批评指正。

宋 博

2019 年 12 月于郑州

A 摘 要
Abstract

　　蔬菜是种植面积仅次于粮食的第二大农作物。近年来，蔬菜生产的集约化使得化肥、农药、农膜等化学品的密集投入在显著提高蔬菜产量的同时也产生了大量碳排放，给农田生态环境带来了严重威胁。因此，探索蔬菜生产的低碳化发展路径对我国"两型农业"发展具有重要意义。

　　针对已有研究关于蔬菜生产碳足迹、低碳化与生态补偿的成果偏少这一现状，本书将"蔬菜生产碳足迹—低碳化—生态补偿机制"相结合，系统地研究了蔬菜生产低碳化的发展路径。在对蔬菜生产低碳化相关概念及理论进行界定和梳理的基础上，首先，运用生命周期法和多目标灰靶决策模型对蔬菜生产系统的碳足迹进行了核算与评价；其次，运用环境方向性距离函数、联立方程组的 SUR 模型、Multivariate Probit 模型和 Cox 比例风险模型分别对蔬菜生产低碳化的边际效应、驱动因素和农户的技术采用行为及支付意愿进行分析；最后，从补偿主体、补偿标准和补偿方式等方面构建了蔬菜生产低碳化的生态补偿机制。

　　主要研究结论概括如下：

　　第一，对蔬菜生产碳足迹的研究结果表明，蔬菜生产系统的亩均总碳排放为 691.64 kgce，其中化肥投入所产生的碳排放占 70.89%，是总碳排放的主要来源；亩均光合作用碳汇和净碳汇分别为 1267.20 kgce 和 575.56 kgce。从碳足迹的综合评价结果看，天津市和北京市远优于河北省、辽宁省和山东省。

　　第二，对蔬菜生产低碳化的边际效应的研究结果表明，蔬菜生产碳排放的平均边际产出效应为 2.03 kg/kgce，平均影子价格为 5.94 元/kgce；平均环境成本为 4521.15 元/亩，占总产值的 14.49%，剔除环境成本后的平均绿色产值为 25468.77 元/亩。

第三，对蔬菜生产低碳化的驱动因素的研究结果表明，技术选择、政府补贴、户主性别、户主年龄和蔬菜收入比重对蔬菜生产低碳化具有显著的正向作用，土地投入对蔬菜生产低碳化则具有显著的负向影响。

第四，对蔬菜生产低碳化的农户技术采用行为的研究结果表明，农户在采用不同的低碳生产技术时存在替代效应。可持续认知、低碳认知、低碳技术满意度、蔬菜种植面积、蔬菜生产保险、政府补贴、户主年龄、户主受教育年限、技术培训、蔬菜种植年限对农户低碳生产技术的采用具有显著的正向影响，而贷款需求和户主性别对农户低碳生产技术的采用具有显著的负向影响。

第五，对蔬菜生产低碳化的农户技术支付意愿的研究结果表明，农户对低碳生产技术的支付意愿偏低；户主性别、蔬菜收入、信贷能力、种菜年限、风险态度、加入合作社对低碳生产技术的支付意愿具有显著的正向影响，而户主年龄、蔬菜收入比重、政府补贴、技术培训对低碳生产技术的支付意愿具有显著的负向影响。

第六，对蔬菜生产低碳化的生态补偿机制的研究结果表明，蔬菜生产系统碳汇功能生态补偿机制的权利主体是农户，义务主体是政府；平均补偿标准为 34.53 元/亩，补偿方式应以政府为主导，以市场为补充。

关键词： 碳排放，碳汇，碳效率，生态补偿，蔬菜

Abstract

Vegetable is the second largest crop with its planting area preceded only by grain. In recent years, the facilities and intensification of vegetable production have been deepening year after year in China. As a result, intensive investment of chemicals such as fertilizers, pesticides and plastic sheeting significantly increased vegetables yield while also generated a lot of carbon emissions, which caused a serious threat to the ecosystem environment of farmland. Therefore, it is of significance for "two types of agriculture" development and food quality safety in our country to explore the low – carbon development path of vegetable production.

For existing studies on carbon footprint, low – carbon as well as ecological compensation in vegetable production is too few, this book systematically studied on the low – carbon development path of vegetables production combined with carbon footprint, low – carbon and ecological compensation mechanism. Based on defining and combing the relative concepts and theories, the author firstly measured and evaluated the carbon footprint of vegetable production system used life cycle assessment (LCA) and multi – objective grey target decision model. Secondly, the author analyzed on the marginal effect and driving factors of the low – carbon vegetable production, as well as the vegetable growers' adopting behavior and willingness to pay (WTP) of low – carbon production technologies respectively using the environmental directional distance function, simultaneous equations with seemingly unrelated regressions (SUR) model, Multivariate Probit model and Cox' proportional hazard model. Lastly, the author built the ecological compensation mechanism of the low – carbon vegetable production in terms of compensation subject, compensation standard as well as compensation mode.

The main conclusions are as follows:

Firstly, the study results of carbon footprint from vegetable production system show that the total carbon emissions of vegetables production system is 691. 64 kgce per Mu, in which the fertilizer inputs account for 70. 89% and is the primary cause of carbon emission. Meanwhile, the photosynthesis carbon sinks and the net carbon sinks are 1267. 20 kgce and 575. 56 kgce per Mu respectively. According to the comprehensive evaluation result, Beijing and Tianjin are far better than Hebei, Liaoning and Shandong provinces.

Secondly, the study results of marginal effect of low carbon vegetable production show that the average marginal outputs effect and the shadow price of the carbon emissions in vegetable production are 2. 03 kg/kgce and 5. 94 Yuan/kgce respectively. The average environment cost is 4521. 15 Yuan/Mu, which accounts for 14. 49% of the total output value. After excluding environmental cost, the green yield value is 25468. 77 Yuan/Mu.

Thirdly, the study results of driving factors of low carbon vegetable production show that the technology choices, government subsidies, gender – headed, age – headed and the rate of vegetables income have significant positive effect on the low – carbon vegetable production, while the land input is negatively correlated with the low – carbon vegetables production.

Fourthly, the study results of farmers adopting low – carbon production technologies in vegetable production show that there is substitution effect when the vegetable growers adopt some low – carbon production technologies simultaneously. Besides, the factors such as awareness of sustainable agriculture as well as low – carbon agriculture, effect satisfaction of low – carbon production technology, vegetable growing area, whether to join the facility insurance, government subsidies, age – headed, education level, technical training and the years of planting vegetables have significant positive influence on farmers adopting low –

carbon production technologies. Meanwhile the factors such as loan demand, gender – headed have significant negative influence on farmers adopting low – carbon production technologies.

Fifthly, the study results of farmers' willingness to pay for adopting low – carbon production technologies in vegetable production show that the willingness to pay on low – carbon production technologies of vegetable growers is low. And the factors such as gender – headed, vegetable income, availability of credit, years of planting vegetables, risk preference of new technology, whether to join vegetable cooperative have significant positive influence on the willingness to pay for low – carbon production technologies of farmers. Meanwhile the factors such as age – headed, vegetables revenue share, government subsidies, and technical training have significant negative influence on the willingness to pay for low – carbon production technologies of farmers.

Sixthly, the study results of ecological compensation mechanism of low carbon vegetable production show that the right body is vegetable growers meanwhile the obligation body is government. The average ecological compensation standard of carbon sink is 34. 53 Yuan/Mu, and the compensation mode should be government – led with market – supplement during the carbon sink ecological compensation mechanism of facility vegetable production system.

Key Words: carbon emissions, carbon sinks, carbon efficiency, ecological compensation, vegetables

图表目录
Contents

第1章 导论

1.1 选题背景与研究意义

1.1.1 选题背景

气候变化是当今人类面临的最为严峻的全球性环境问题。在过去的100年中，由二氧化碳等气体造成的温室效应使全球平均地表温度上升了0.3~0.6摄氏度；并有90%的可信度认为，近50年以来的气候变化主要是由人为活动排放的二氧化碳等温室气体造成的（马友华等，2009）。因此，人类不应该以气候变化微不足道的不确定性为借口而拒绝或消极采取减少温室气体排放的措施。全球二氧化碳浓度的持续升高虽然有助于光合作用，但由此而造成的海平面上升、极端气候事件以及病虫害高发等不利因素将抵消这一有利因素，造成农业生产及产出的不稳定。如果不采取相应措施，到2030年，中国种植业生产能力可能会下降5%~10%，中国将会面临严重的粮食安全问题（许广月，2010）。另一方面，农业已成为温室气体排放的第二大重要来源，在全球温室气体的排放总量中农业源温室气体占14.9%；中国是农业大国，我国的农业源温室气体排放占全国温室气体排放总量的17%，其中甲烷和氧化亚氮分别占全国排放总量的50.15%和92.47%（董红敏等，2008）。2009年11月，我国将二氧化碳排放作为硬性约束指标纳入国民经济和社会发展的中长期规划中，并计划，到2020年，我国单位国内生产总值二氧化碳排放量比2005年下降40%~45%。因此，发展低碳农业符合我国应对气候变化的相关政策和行动目标。

1

目前，我国农业正处在从传统农业向现代农业的关键转型期，但我国的农业已经具有了明显的化学化特征。虽然这种农业生产方式为我国的农业发展和粮食安全作出了重要贡献，但也带来了一系列的生态环境问题。化肥、农药、农膜等工业化学制品的密集投入产生了大量的碳排放，进而对农业低碳化发展构成潜在威胁。同时，化肥的过度施用造成了土壤不同程度的板结和有机质含量不断下降，农药滥用破坏了生态系统的生物多样性和造成了严重的食品质量安全问题，农膜投入的急剧增加带来了难以降解的"白色污染"。诸如上述由农业化学化带来的种种问题都对我国农业的可持续发展形成了巨大挑战。2014年1月19日中共中央、国务院印发了《关于全面深化农村改革加快推进农业现代化的若干意见》这一21世纪以来的第11份中央一号文件。其中，建立农业可持续发展长效机制，促进资源节约型和环境友好型"两型农业"发展成为一大看点。在此背景下，以"低能耗、低排放、低污染、高效率"为典型特征的低碳农业受到广泛关注，如何实现农业低碳化已成为我国农业可持续发展的前提和基础。

1.1.2 研究意义

蔬菜是种植面积仅次于粮食的第二大农作物。随着设施农业尤其是日光温室大棚技术的推广，蔬菜生产的集约化程度得到了突飞猛进的提升。但蔬菜生产过程中化肥、农药、农膜、柴油和电力的密集投入也产生了大量的碳排放，在提高蔬菜自给率和保障周年均衡供应的同时也给食品安全和生态环境造成了巨大的压力。在加入WTO的国际贸易自由化的大背景下，蔬菜作为劳动密集型产品，在出口方面与其他农产品相比具有得天独厚的优势。但发达国家已经跨越了"温饱型—营养型—保健型"的消费阶段，目前正处在向更高阶段的"环保型"消费过渡（杨顺江等，2004）。我国的许多大中城市居民消费也是如此，以"绿色消费"为理念的蔬菜产业正酝酿着巨大商机。多年来，我国的蔬菜生产一直维持着数量规模惯性扩张而质量效益不高的状态。面对国际国内两个市场对绿色环保蔬菜越来越高的呼声，我国蔬菜产业往往因面临质量问题而望洋兴叹，空有产量优势。这种数量规模型的蔬菜生产已经快要走到尽头，应当加速向质量效益型的生产模式转变。根据我国蔬菜安全质量认证体系，蔬菜按质量等级从低到高可分为普通蔬菜、无公害蔬菜、绿色蔬菜和有机蔬菜。普通蔬菜对化肥和农药的使用量没有明确限制，而其他三类蔬菜均对化肥和农药的使用进行控制，分别为合理施用、限制施用和禁止施用。而化肥和农药的生产、包装以及施用过程均需要消耗大量的能源，根据陈琳等（2011）的研究，大棚蔬菜在生产过程中仅化肥的投入所产生的碳排放就占总碳成本的58.0%～82.4%。化肥和农药的投入是构成蔬菜生产中碳排放的主要原因。另一方面，绿色植物通过光合作用将空气中的二氧化碳转化成自身有机物仍然是生态圈碳循环中气态碳转化成固态碳的主要途径（Adams et al., 2002）。在人类进行耕作管理活动的干预下农田土壤中的有机碳不断发生变化，农田生态系统碳库是全球碳库中最为活跃的部分之一，具有巨大的碳汇潜力，在应对全球气候变化中具有重要作用。因此，通过蔬菜作物自身的光合作用和采用低碳生产技术，我国蔬菜生产系统具有巨大的固碳潜力。然而，采用低碳生产技术往往需要增加生产成本，出于对风险与利益的考虑，相关蔬菜生产主体在生产行为上缺乏主动采用低碳生产技术的动力。农业的低碳化和可持续发展也受到我国政府的高度重视，历年中央一号文件都从不同侧面强调其重要性。其中，"建立农业可持续发展长效机制，促进生态友好型农业发展"成为2014年中央一号文件的一大看点。在此背景下，探索我国蔬菜生产的碳足迹、低碳化及生态补偿机制，无论是对生态环境的改善还是对保障蔬菜质量安全均具有重要意义。

1.2 国内外相关研究文献综述

本节从蔬菜生产发展、低碳农业、农户低碳生产行为和生态补偿机制四个方面对蔬菜生产低碳化的相关文献进行综述，力图对蔬菜生产低碳化的国内外研究动态有较为全面的掌握，同时对蔬菜生产低碳化发展趋势及其脉络有比较明确的把握。

1.2.1 关于蔬菜生产发展的研究

目前国内外学者对蔬菜生产发展的研究主要集中在以下几个方面：一是从宏观层面分析蔬菜生产的发展模式；二是从微观层面研究蔬菜种

植户的生产行为；三是宏微观相结合研究产业政策对蔬菜生产发展的影响。

1.2.1.1 蔬菜生产的发展模式研究

蔬菜生产的发展模式是蔬菜产业发展的宏观导向，国内外关于蔬菜生产发展模式的研究成果较多。李忠旭等（2006）对蔬菜批发市场、蔬菜专业技术协会、蔬菜专业合作社以及蔬菜农贸市场等中间性组织的规范和转型对促进蔬菜生产产业化的作用及其机理进行了分析。Tan Ping et al.（2008）从生产规模、生产设施和生产标准化等方面对上海市目前的蔬菜生产状况进行了分析，并提出了提高农户的组织化程度和现代化生产设施水平、推广规范化栽培技术、应用经济技术手段优化生产结构、改善安全监控系统和加强蔬菜生产的信息平台建设等可持续发展策略。2010年下半年以来，我国的蔬菜价格出现了较大幅度的上涨，并出现了"买菜贵"和"卖菜难"并存的怪现象。赵明（2011）对出现上述现象的原因进行了分析，并基于上海和江苏蔬菜生产的成功经验剖析了蔬菜产品价格监测预警体系和蔬菜价格保险制度在促进蔬菜生产发展、保障市场供给和稳定蔬菜价格中的重要作用。Toskov（2012）根据2007—2010年的官方统计数据对保加利亚和欧盟蔬菜生产的形式和条件进行了比较分析，认为在此期间欧盟蔬菜生产快速发展的主要原因是进行了大量补贴，而保加利亚蔬菜生产的发展则主要是依靠蔬菜质量声誉、国际市场区位优势和本国蔬菜的国际竞争力。李建伟（2012）认为，无论从产量、产值还是从出口创汇和农民增收等方面看，目前蔬菜均已成为中国的第一大农产品，但仍然面临发展方式粗放、质量安全堪忧和价格波动过大等问题，并针对上述问题进行分析，提出了相应的对策措施。Engindeniz et al.（2013）从产区规划、作物结构、生产面积、栽培技术、生产过程、产品质量和生产成本等方面对土耳其2003—2012年的设施蔬菜生产发展状况进行了分析。

近年来，随着人们对环境问题的日益关注，生态蔬菜的生产发展也得到了诸多学者的青睐。邓毅书（2007）对无公害蔬菜的生产发展历程、具体质量指标以及目前我国无公害蔬菜生产发展中存在的一些问题作出了论述，并指出绿色无公害蔬菜和有机蔬菜是未来蔬菜生产发展的方向。Movileanu（2011）运用归纳演绎的方法分析了生态蔬菜生产发展的前景及其对生态多样性的作用，认为有机蔬菜是未来市场需求的方向，并会对生态多样性产生积极影响。张德纯（2010）提出了减少农药化肥的使用、培育耐低温蔬菜品种、推广高效节能型日光温室和提高园艺机械的能源使用率等低碳蔬菜生产措施。王冰林等（2011）分析了在低碳经济背景下发展低碳设施蔬菜生产的必要性，并从品种选育、设施优化、合理施肥、病虫害综合防治和推行沼气工程等视角提出了低碳设施蔬菜生产的发展策略。刘杨等（2012）根据山东省苍山县蔬菜种植试验采样分析测算了大田种植、季节性大棚种植和常年性大棚种植三种种植方式对土壤固碳的影响。

1.2.1.2　蔬菜种植户的生产行为研究

蔬菜种植户的生产行为是蔬菜产业发展的微观基础，诸多学者对蔬菜种植户的蔬菜生产行为进行了深入的研究。Sergio et al.（2006）运用多目标规划模型分析了城市郊区蔬菜生产系统中技术采用、生产活动、生产约束和农户目标之间的动态关系，并对影响农户生产活动和技术创新的相关因素进行了分析，结果显示：在当前条件下，只有当农户愿意承担高风险时，由高成本的技术创新所获得的高收益才会出现；资本约束的缓解能够提高农户的收入水平，但对于风险厌恶型的农户，资本约束的缓解并不能有效提高其对资本密集型技术的采用率。Fernando（2009）通过对斯里兰卡马塔拉地区的蔬菜种植户进行随机干预实验，证明了与密集采用化肥、农药和杂交种子等现代农业生产方式相比，运用堆肥、多样化种植、水土保持措施和妥善规划农业活动等保护性耕作方式所得到的产量和收入均有明显提高。尽管在实际的蔬菜生产实践中可能存在诸多干预实验中所不具备的优越条件如农业生态学家的悉心指导，但此项研究至少从理论上证明了保护性耕作方式在经济上是可行的，这对于可持续生态蔬菜生产系统的发展具有重要意义。李想等（2013a，2013b，2013c）根据辽宁省设施蔬菜种植户的调查数据，运用 Heckman 模型、Heckman Probit 选择模型和 Multivariate Probit 回归模型分别实证分析了农户可持续生产技术采用的影响因素、可持续生产行为认知及决策的影响因素，以及农户可持续生产技术采用的关联效应及影响因素。

1.2.1.3 蔬菜生产的相关政策研究

蔬菜生产的相关政策是蔬菜产业发展的保障，一些学者亦对蔬菜生产的相关政策的实施效果进行了有益探索。Powell et al.（2002）通过微生物测试、现场考察和生产调查等方法对加拿大安大略农场食品安全项目在该地区设施蔬菜生产中的影响程度进行了分析，结果显示该项目提高了蔬菜种植户对微生物在新鲜蔬菜生产中的危害的知识水平，并有效提高了农户采用新鲜蔬菜的包装处理技术。Nwalieji et al.（2009）根据160个蔬菜种植户的数据运用边际分析方法对尼日利亚蔬菜生产扶助项目对农户蔬菜生产的影响程度进行了评估，结果显示参与项目的种植户在生产规模和蔬菜收入占家庭总收入的比重上均高于不参与项目的种植户，品种的改进、肥料的应用和收割方法对促进当地的蔬菜生产发展具有重要作用。Joseph et al.（2014）根据美国1987年和1997年农业普查的县级数据运用二阶差分估计法测算了作物种植限制政策对水果和蔬菜生产的影响，结果显示作物种植限制政策对水果和蔬菜种植面积具有挤出效应。

1.2.2 关于低碳农业的研究

低碳农业理论及方法学是研究蔬菜生产低碳化的基础和前提。因此，低碳农业理论及方法学的发展和完善对于研究我国蔬菜生产的低碳化发展路径具有重要意义。本小节试图从低碳农业理论和低碳农业方法学两个方面对低碳农业的相关研究进展进行评述。

1.2.2.1 低碳农业理论的研究进展

低碳经济是应对全球变暖和能源危机的必然选择，而低碳农业作为低碳经济的重要组成部分，无论从应对气候变化还是从农业自身的可持续发展方面看，都是现代农业的发展方向。农业作为国民经济的基础产业，是最易受到气候变化冲击的产业，但同时也是重要的温室气体排放来源，因而从农业的可持续发展看更应该积极响应控制气候变暖的"低碳经济"。诸多学者对低碳农业的科学内涵、发展模式和发展路径等问题作出了深入的研究，为我国低碳农业理论的发展奠定了基础。许广月（2010）对低碳农业的科学内涵和中国低碳农业的发展模式及发展路径进行了探索，认为低碳农业既具有一般低碳经济"低碳源"的特征，又具有"高碳汇"的独特内涵，因此中国的低碳农业发展模式既要重视"减源"又要重视"增汇"，而要想实现这种低碳农业发展模式，需要从低碳技术创新、农户生产行为改进、政府政策支持和市场机制引导等方面科学地选择发展路径。杨受祜（2010）认为，低碳农业是潜力巨大的低碳经济领域，但目前我国的大部分低碳技术成本高昂，远低于市场的基本回报率，因此要有效地开展低碳农业还需要依靠政府财税政策的支持和引导社会资金投入低碳技术的研发和推广中。米松华（2013）从概念集群、核心要素和衡量指标方面对低碳农业的内涵体系进行了界定，建立了低碳现代农业的逻辑分析框架；并以水稻为例对我国农业碳排放、农户低碳技术采用意愿，以及技术、组织和政策在低碳农业发展中的耦合效果进行分析。该研究成果对我国低碳农业理论的发展具有重要作用，但也具有一定的局限性。低碳农业的发展既要重视水稻等水田作物的低碳发展，也要注重小麦、玉米和蔬菜等旱地作物的低碳发展。因此，对小麦、玉米和蔬菜等旱地作物低碳化生产发展的研究对于完善和发展我国的低碳农业理论具有重要意义。Ogle et al.（2014）对发展中国家实施低碳农业对减少温室气体排放和抵制全球气候变暖的作用进行了分析，并指出发达国家有义务对发展中国家的低碳农业实施行动提供技术和资金上的援助。

1.2.2.2　低碳农业方法学的研究进展

目前关于低碳农业方法学方面的研究主要包括以下三个方面：一是关于农业生产系统碳足迹的研究。Soussana et al.（2007）根据欧洲地区 9 个草地生态系统样本点的数据对不同类型的草地生态系统碳足迹进行了测算。Simth et al.（2008）对全球农业的碳排放量及碳汇潜力进行了分析，并对技术转移对农业碳足迹的潜在作用进行了展望。Dubey 和 Lal（2009）运用碳足迹评价方法对美国的俄亥俄州和印度的旁遮普邦的农业碳排放和碳生产效率进行了比较研究，并评价了两个地区农业发展的可持续性。黄祖辉等（2011）运用分层投入产出—生命周期评价法，根据 2008 年的数据对我国浙江省的农业系统碳足迹进行了研究。上述研究为分析中国农业生产系统碳足迹提供了值得借鉴的分析框架和计算方法，但均未考虑农作物光合作用所产生的碳汇。二是关于农业生产系统碳平衡的研究。Marland（2002）综合考虑农田土壤有机碳变化及农业生产碳排放对美国农田作物生产系统的净碳效应进行了分析。West（2002a）提出了一种测算农业生态系统净碳流的全碳循环分析方法，并运用该方法对农业土地利用及作物生产管理方式变化对农业净碳流的影响进行了动态分析（West et al.，2002b；2003）。Wattenbach et al.（2010）提出了一种名为"多点交叉比较仿真模型"的估算农田生态系统碳平衡的新方法，并运用欧洲地区不同农田作物的数据对其有效性进行了验证。Burney（2010）根据美国农业部 1961—2005 年农业生产和投入数据，运用碳平衡分析方法对农田生产系统的碳排放和光合作用碳汇进行测算，结果显示虽然由化肥、农药、机械等工业品投入产生的碳排放在上升，但农作物产量增加通过光合作用吸收的二氧化碳抵消了这一作用，在此期间农业的集约化生产不仅没有加速温室效应，而且减少了 5.9 亿吨温室气体的排放，得出了"农业集约化有利于缓解温室效应"的惊人结论。田云等（2013）运用碳排放方程和初级生产量计算公式分别测算了我国 1995—2010 年的农业生产碳排放量和碳汇量，结果表明我国农业生产的碳汇量远大于碳排放量，且净碳汇量总体上呈上升趋势。Burney（2010）和田云等（2013）的研究成果在一定程度上说明了一年生的农作物和多年生的森林一样对整个生态系统表现为正碳平衡。鉴于此，宋博等（2015a）基于生命周期评价法和多目标灰靶决策模型从碳排放和碳汇两个方面构建了设施蔬菜生产系统的碳足迹核算及评价分析框架，并以北京市为例对设施蔬菜生产系统的碳足迹进行了核算与评价。三是关于低碳农业减排成本及生产绩效的研究。吴荣贤等（2014）运用非参数化的环境方向性距离函数和影子价格法分别对我国省域低碳农业生产绩效和碳排放的影子价格进行了分析，为我国低碳农业的生产绩效及减排成本的测算与评价提供了方法学上的有益借鉴。但非参数化的环境方向性距离函数存在不可微的缺陷，因此在求解碳排放的影子价格时和真实值有一定的偏差。鉴于此，宋博等（2015b）根据参数化的环境方向性距离函数推导出了一种新的求解碳排放影子价格的方法，并将其运用到了分析我国省域设施蔬菜生产碳排放的影子价格及其环境技术效率上。

1.2.3 关于农户低碳生产行为的研究

近年来有关农户低碳生产行为的研究成果颇丰，主要集中在以下三个方面：第一，对农户低碳生产行为进行定性分析，研究方法主要包括文献归纳法、比较分析法和统计描述法。如 Knowler et al.（2007）对农户减少农药、化肥施用等农业环境保护行为的相关研究进行了归纳和综述，认为并没有一个普适性的能够解释农户采用农业环境保护行为的潜在影响的模式。Lokhorst et al.（2011）基于计划行为理论和荷兰农户的调研数据对有政府补贴和无政府补贴条件下农户农业环境保护型措施的采用行为进行了比较分析。祝华军等（2012）通过文献整理和农户调研对水稻生产过程中的低碳农业技术及其采用情况进行了分析，认为相关低碳技术措施能够有效增强水稻固碳减排效果，但多数低碳技术措施的使用成本高于产量增加所带来的收入，稻农对低碳技术措施的采纳意愿不足。第二，对农户采用单项低碳生产技术措施的行为及其影响因素进行实证分析，所运用的研究方法主要为单变量离散选择模型。如 Waithaka et al.（2007）运用 Tobit 模型对肯尼亚西部地区小农户施用化肥和有机肥的影响因素进行分析。马骥等（2007）运用 Logit 模型对华北平原小麦和玉米种植户降低氮肥施用量的意愿及其影响因素进行分析。朱启荣（2008）以济南市郊区粮食种植户的调查数据为例运用 Logit 模型分析了农户处理秸秆方式的意愿及其影响因素。葛继红等（2010）根据江苏省水稻和小麦种植户的调查数据运用 Probit 模型和 Tobit 模型对测土配方施肥技术的采用行为及采用强度的影响因素进行分析。喻永红等（2009）和赵连阁等（2012）运用 Logit 模型对水稻种植户病虫害综合防治技术的采纳意愿和采纳行为及其影响因素进行分析。祝华军（2013）对南方八省市 256 个水稻种植户对农业低碳技术的采纳意愿进行了调查分析，并根据所获得的实地调研数据运用 Logit 模型对水稻种植户采用低碳农业技术的意愿进行了影响因素分析。田云等（2015）运用 Logit 模型分别对农户化肥施用和农药使用行为及其影响因素进行了分析。第三，认识到农户往往同时采用多项低碳生产技术，且各技术之间可能存在互补或替代等关联效应，部分学者开始对农户采用多项低碳生产技术行为的影响因素及关联效应进行实证分析，所运用的研究方法主要为多元离散选择模型和结构方程模型。如褚彩虹等（2012）根据太湖流域农户的调查数据，运用双变量 Probit 模型对施用有机肥和采用测土配方肥技术的影响因素及施用农家肥和商品有机肥的关联效应进行分析。李想等（2013b，2013c）运用 Heckman Probit 和 Multivariate Probit 模型对辽宁省设施蔬菜种植户可持续生产技术的认知、采用及关联效应进行了分析，结果表明多数蔬菜种植户对可持续生产技术具有一定的认知，但真正的采用行为上却较为缺乏，且各技术之间具有显著的关联效应。侯博等（2015）基于计划行为理论和结构方程模型对环太湖流域分散农户的低碳生产行为进行分析。在对农户采用多项低碳生产技术行为的探讨上，李想等（2013b）和侯博等（2015）的研究均是比较具有代表性的研究成果，但依然存在如下问题值得商榷：前者侧重于对农户可持续生产技术采用行为的影响因素及关联效应进行计量分析，但缺乏对农户低碳生产技术采用行为作用机理的理论框架构建；后者在理论模型构建中注重农户行为意愿对实际行为产生的决定作用，却没有关注农户行为能力对实际行为发生的影响，也没有考虑农户采用多项低碳生产技术时各子技术之间所具有的关联效应。

1.2.4 关于生态补偿机制的研究

早在 20 世纪 90 年代，费孝通先生（2004）就提出人类对地球竭泽而渔导致的资源枯竭、生态破坏、环境污染、气候异常等问题在后工业时代必将引发人类对自己所创造的文明进行全面反思。近年来，随着全球生态环境的进一步恶化，生态服务的付费问题，即生态补偿机制作为一个新兴的研究领域成为备受关注的热点。本小节首先从宏观视角对生态补偿机制的相关研究进行阐述，其次从微观视角对不同功能单元生态补偿机制的相

关研究进行综述，最后更进一步地对农田碳汇功能的生态补偿机制的研究
进展进行分析。

1.2.4.1　基于宏观视角的生态补偿机制的相关研究

一些学者从宏观视角对生态补偿机制的基本内涵、理论依据、参与主
体、主导机制、政策工具、法律基础及存在的问题等方面进行了定性分
析。李文华等（2010）对中国生态补偿的基本概念、补偿原则、补偿标准
和补偿方式及政策支持进行了理论分析。方竹兰（2010）对民众作为生态
补偿的主体在生态补偿机制从行政化向法制化转型中的作用进行了分析。
Zbinden et al.（2005）和 Pagiola（2008）分别对哥斯达黎加生态补偿项目
的农户参与行为和市场作用机制进行了分析。针对生态服务付费面临的搭
便车行为、交易成本过高、买方和卖方数量有限以及信息不对称等问题，
Farley et al.（2010）对市场主导机制和政府主导机制在解决生态服务付费
问题的绩效进行了比较分析。Kemkes et al.（2010）从政治可行性及适宜
性的角度对生态补偿机制的不同政策工具进行了分析，并构建了不同类型
生态服务在不同时期的最优政策工具选择的分析框架。金京淑（2011）对
我国农业生态补偿过程中所存在的突出问题及原因进行分析，并借鉴美
国、日本和欧盟各国的农业生态补偿的实践经验，初步构建了我国农业生
态补偿的基本框架及支持体系。严立冬等（2013）对目前我国农业生态补
偿的研究现状、研究特点、存在问题和未来的研究趋势进行了阐述，认为
目前我国农业生态补偿问题的研究总体上处于理论探索阶段，存在的突出
问题是欠缺实证性及应用性的研究，未来的研究应更加关注农业生态补偿
的法制建设、补偿标准的厘定、农业生态功能的拓展以及农业生态补偿的
绩效评价等问题。董红（2015）亦从补偿立法、补偿主体、补偿标准和补
偿资金等方面对我国农业生态补偿机制所存在的问题进行了分析。

1.2.4.2　基于微观视角对不同功能单元生态补偿机制的研究

另一些学者从微观视角对森林、草原、湿地、流域、农田等功能单元
的生态补偿机制问题进行了探讨。Murray（2004）对美国农业和森林部门
能够增加碳汇和减少碳排放的适用性措施进行阐述，并测算了这些措施在

不同补偿水平下对减少温室气体排放的贡献率。王鸥等（2005）在构建农业生态补偿机制框架的基础上，以退耕还林工程和退牧还草工程为例分析了我国现行农业生态补偿政策的实施情况和存在的问题，并提出了相应的政策建议。尽管通过生态保护计划、环境法规管制和私人供给行为也能使农业生态服务作为一种非正常化的商品而被提供，但由于市场机制符合谁受益谁付费的原则，并且生态服务费用也不依赖于政府的财政预算，因此仍然是最有效率的进行资源配置的手段。Ribaudo et al.（2010）对美国水质保护计划、温室气体减排、湿地保护工程、农田碳汇贸易和生态标签等农业生态服务的市场机制进行分析，并提出了该机制在上述生态服务市场中有效运行所必须解决的一些问题。庞爱萍等（2012）运用水分生产函数及不同季节农作物产量对水分需求的响应系数定量测算了具有时间和等级差异的基于生态需水保障的农业生态补偿标准，并以保障黄河口生态需水引起的山东引黄灌区农业损失的补偿问题为例进行了实证分析。付意成等（2013）则运用能值分析法构建了农业可持续发展的生态补偿标准计算体系，并对永定河流域的农业生态补偿标准进行了测算。谭秋成（2014）运用经济学边际分析方法对生态补偿的范围进行界定，并以湖南省资兴市东江湖库区为例对该地的生态补偿标准和补偿方式进行了实证研究。李颖等（2014b）以粮食作物为例对农业碳汇进行了测算，并从补偿原则、补偿主体、补偿标准和补偿方式等方面构建了我国粮食作物碳汇功能的生态补偿机制框架。

1.2.4.3 农田碳汇功能生态补偿机制的研究进展

欧盟和美国是较早实施农业生态补偿并取得了显著效果的国家和地区，它们关于农业生态补偿的立法建设、政策工具和运行机制对我国具有重要的借鉴意义（刘某承等，2014；杜立津等，2014；孙建鸿等，2014）。但由于我国农业在自然条件、资源禀赋、发展水平和管理体制等方面均与欧盟和美国存在较大差异，因此我国的农业生态补偿机制只能是在借鉴国际经验的基础上探索适合自己的模式。我国对农业生态补偿问题的研究虽然开始得也比较早，但一直存在利益主体不清、利益原则模糊、利益形式单一和利益内容缺失等困境（张锋等，2010），使得我国关于农业生态补偿机制问题的研究到了近几年才有了较快发展，研究对象逐渐从宏观扩展到微观，研究方法也逐渐由定性分析向实证分析的方向发展。

农田生态系统是农业生态系统的重要组成部分，其碳汇功能在缓解全球温室效应方面发挥着重要作用。基于农田生态系统碳汇所具有的巨大生态服务价值，国内外已有一些学者对农田碳汇功能的生态补偿机制进行了积极探索。目前的相关研究成果主要包括两个方面：一是根据国际经验对农田碳汇功能生态补偿的必要性、运行机制及政策措施进行定性分析。张新民（2013）对我国农业碳减排的必要性和减排增汇潜力进行分析，并提出了建立和完善农业碳汇的生态补偿机制的对策建议。二是基于碳汇功能的生态服务价值及其正外部性对农田碳汇功能的生态补偿机制进行实证分析。比较具有代表性的研究成果是李颖（2014a）以山东省小麦—玉米轮作农田生态系统为例对我国粮食作物生产过程中所产生的碳排放和碳汇进行了测算，并在此基础上从农田碳汇功能的生态效益和农户采取低碳种植模式的产出损失两个方面构建了我国粮食作物碳汇功能的生态补偿机制。该研究成果为我国农田碳汇功能的生态补偿机制问题的进一步研究提供了有益借鉴，但也存在诸多局限性：在构建低碳种植模式碳汇功能的生态补偿机制时仅从化学品减量化、低碳耕作方式和秸秆还田等三个方面进行了定性分析，而缺乏以碳源（汇）计量为基础的实证研究；另外，也没有对农户实施低碳种植模式将会造成多大的产出损失及农户采用低碳种植模式的影响因素进行分析。总之，现有研究多是对农田碳汇功能的生态补偿机制的国外经验介绍和补偿机理及必要性的定性辨识，而比较系统和全面的研究成果则很少见。另外，粮食作物虽然与蔬菜作物同属于旱地作物，但由于蔬菜作物在生长习性、生产周期和生产方式等方面的不同，尤其是现代设施在蔬菜生产中的普遍运用，蔬菜生产与粮食生产有很大的不同。因此，对蔬菜生产低碳化及碳汇功能的生态补偿机制的研究，既要充分借鉴粮食作物的相关研究成果，又要根据蔬菜作物的自身特点进行探讨。

1.2.5 已有研究评述

目前相关研究具有以下特点：

第一，国内外学者对蔬菜生产的发展模式、蔬菜种植户的生产行为，以及相关政策的实施效果等方面进行了卓有成效的研究，但有关蔬菜生产发展的生态环境问题的成果较少，而从低碳视角将环境因素纳入蔬菜生产发展的分析框架的研究成果则更为少见。

第二，关于低碳农业理论及其方法学的研究成果颇丰，但主要集中在对整个农业部门或省域农业生产的宏观及中观视角的研究，仅有少数学者基于微观尺度，从农户视角对农业生产系统的碳足迹进行探索。而从微观农户视角分析我国低碳农业减排成本及生产绩效的研究还尚未发现。

第三，关于农户低碳生产行为的探讨从定性分析发展到实证研究，实证研究又从分析农户采用单一技术的低碳生产行为发展到分析农户采用多项技术的低碳生产行为。上述研究成果为进一步研究农户低碳生产技术采用行为奠定了基础，但依然存在理论框架和实证分析相脱节的问题。

第四，生态补偿机制问题的研究无论是在我国还是发达国家都仍然处于探索阶段，仍存在实证性及应用性的研究欠缺和生态功能单元拓展窄狭等突出问题。基于碳汇功能生态补偿机制的研究多集中在对森林、草原、湿地、流域等功能单元上，而对农田生态系统的生态补偿机制问题的关注较少。相对于比较完善的森林碳汇功能的生态补偿机制而言，我国农田碳汇功能生态补偿机制的相关研究无论在实证性还是在应用性上均相对滞后。

综上所述，已有研究往往进行的是单一研究，而将"碳足迹—低碳化模式—生态补偿机制"相结合的综合性、系统性的研究还尚未发现。已有研究从低碳视角对我国蔬菜生产的可持续发展进行了定性分析和理论探讨，但定量分析和实证研究的成果还实属罕见。已有研究从碳足迹计量的方法学上为蔬菜生产的低碳化发展提供了有益借鉴，但核算框架与评价方法仍然不够系统。已有研究对农户低碳生产技术采用行为及影响因素进行了实证分析，但大多没有考虑农户采用多项低碳生产技术时各子技术之间所具有的关联效应；在理论模型构建中仅注重农户行为意愿对实际行为产生的决定作用，没有关注农户行为能力对实际行为发生的影响。已有研究对我国粮食作物碳汇功能的生态补偿机制进行了探索，但针对蔬菜生产系统碳汇功能生态补偿机制的研究还尚未发现。因此，基于低碳经济理论、外部性与公共物品理论，系统全面地研究我国蔬菜生产的碳足迹、低碳化与生态补偿机制对于构建我国现代生态友好型蔬菜产业是一个颇具战略性和前瞻性的课题。

1.3　研究目标与研究内容

本研究的总目标是探索我国蔬菜生产的低碳化发展路径。具体分解为三个子目标：第一，厘清蔬菜生产系统的碳足迹；第二，明晰蔬菜生产低碳化的边际效应、驱动因素、农户行为及支付意愿；第三，构建蔬菜生产低碳化的生态补偿机制。为了达到上述目标，本书的研究内容主要包括以下五个部分：

第一部分，蔬菜生产系统碳足迹核算及评价。

碳足迹从碳排放和碳汇以及相应的评价指标来反映，不同地区蔬菜生产的投入产出结构不同，其生产碳足迹也不同。本书在进行实地调研的基础上，根据农业碳足迹理论，运用生命周期分析法（life cycle assessment，LCA）对蔬菜生产系统的碳足迹进行核算；并构建多指标评价体系，运用多目标灰靶决策模型（multi-objective grey target decision，MOGTD）对不同地区蔬菜生产系统的碳足迹进行综合评价。

第二部分，蔬菜生产低碳化的边际产出效应及边际减排成本分析。

蔬菜生产低碳化的边际产出效应是指单位碳排放的减少将会对蔬菜产出产生多大的影响，而边际减排成本即影子价格，则是指单位碳排放的减少对蔬菜产值的影响，上述两个指标是政府制定减排政策和蔬菜种植户采取减排措施所要考虑的关键问题。本书拟构建参数化的环境方向性距离函数（environmental directional distance functions，EDDF），并运用最优化模型方法对其进行参数估计，继而推导出蔬菜生产低碳化的边际产出效应及边际减排成本。

第三部分，蔬菜生产低碳化的驱动因素分析。

分析蔬菜生产低碳化的驱动因素是有效实施蔬菜生产低碳化相关措施的前提。蔬菜生产的低碳化是一个减少碳排放和提高碳生产率的过程，其驱动因素既包括影响碳排放的相关因素，也包括影响蔬菜产出的相关因素，且各影响因素之间常常是相互关联的。因此，本书运用联立方程组模型的似不相关回归方法（seemingly unrelated regression，SUR）对蔬菜生产低碳化的驱动因素进行实证分析。

第四部分，蔬菜生产低碳化的农户行为及支付意愿分析。

蔬菜种植户对低碳生产技术的采用行为及支付意愿是从微观层面实现蔬菜生产低碳化的基础。由于蔬菜种植户一般同时采用多种低碳生产技术，且不同低碳技术之间往往具有关联效应，因此本书首先基于农户行为理论对计划行为理论（theory of planned behavior，TPB）进行扩展，构建了农户低碳生产技术采用行为的理论分析框架，并运用 Multivariate Probit 模型对蔬菜种植户的低碳生产技术采用行为及影响因素进行分析。其次，结合条件估值法（contingent valuation method，CVM）和 Cox 比例风险模型（Cox' proportional hazard model）对蔬菜种植户对低碳蔬菜生产技术的支付意愿及影响因素进行实证分析。

第五部分，蔬菜生产低碳化的生态补偿机制构建。

针对环境乃至生态的补偿，国际上更为通用的叫法是"生态服务付费"（payment for ecological services，PES），这和我国惯用的"生态补偿"（Eco‑compensation）的内涵是一致的，均是指根据生态服务功能的价值向生态服务的提供者支付费用，用以弥补创造生态服务所需的成本或者使生态服务本身所具有的价值得以实现（李文华，2010）。本书基于蔬菜生产系统的碳汇功能，在对蔬菜生产低碳化生态补偿的内涵及理论基础进行分析的基础上，从补偿依据、补偿主体、补偿标准和补偿方式等方面对蔬菜生产低碳化的生态补偿机制进行构建。

1.4　研究思路与技术路线

在对国内外相关文献进行梳理的基础上，结合本书研究目标及研究内容，具体研究思路如下：

第一步，对蔬菜生产低碳化及其理论依据进行分析，为全书分析打下理论基础；

第二步，对蔬菜生产系统的碳足迹进行测算和评价，厘清蔬菜生产过程中产生的碳排放和碳汇分布结构，为全书实证分析提供计量工具；

第三步，对蔬菜生产低碳化的边际效应及驱动因素进行分析，明确实施蔬菜生产低碳化的边际减排成本和影响蔬菜生产低碳化发展的关键因素；

第四步，对蔬菜生产低碳化的农户行为及支付意愿进行分析，从微观农户视角探索蔬菜生产主体实施蔬菜生产低碳化的可行性；

第五步，对蔬菜生产低碳化的生态补偿机制进行设计，并提出促进我国蔬菜生产低碳化的对策建议。

根据以上阐述，本研究的技术路线如图 1－1 所示。

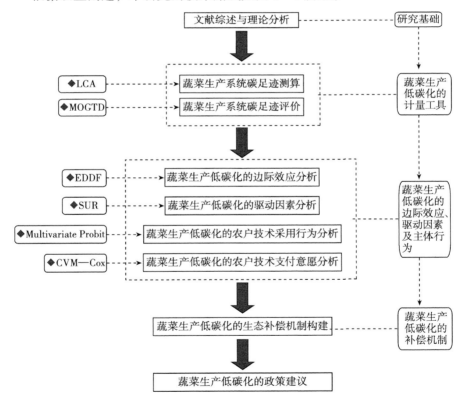

图 1－1　技术路线图

本研究以实证分析为主，充分结合理论分析；以定量分析为主，同时兼顾定性分析。实证分析方法包括统计描述分析方法、数量分析方法，它们主要是定量分析方法；理论分析方法包括文献研读法、理论分析法和归纳法，它们主要是定性分析方法。统计描述分析方法主要用来对调研样本和相关数据进行统计分析，以期发现统计规律和为计量分析打下基础；数量分析方法具体包括 SUR 模型、Multivariate Probit 模型和 Cox 比例风险模型，它们属于计量经济学分析方法；LCA、多目标灰靶决策模型、方向性环境距离函数、CVM 属于非计量经济学的数量经济学分析方法。文献研读法是所有研究工作的基础性方法，用于了解国内外研究动向和为研究思路的形成、研究方法的选取和分析框架的构建提供借鉴；理论分析是实证分析的必要前提；归纳法是一种由个体到一般、由具体到抽象的分析方法，本研究运用归纳法提出促进我国蔬菜生产低碳化发展的对策建议。

1.5　调研区域及抽样方法

本书所需要的研究数据主要为 2015 年对我国环渤海地区蔬菜种植户进行实地调研所获得的一手数据，调研区域为山东省、河北省、辽宁省、北京市和天津市五省（直辖市）。之所以选择环渤海地区五省（直辖市）作为本研究的调研区域是因为环渤海地区冬季和春季光热资源相对丰富，适合蔬菜种植。由于该地区拥有北京、天津这样人口集中的大都市，同时距离其他大中城市也较近，蔬菜需求很大，因此近年来逐渐成为我国重要的蔬菜生产基地。随着城乡居民生活水平的不断提高，人们对蔬菜品种的多样性和反季蔬菜的需求也在日益增加，使得该地区的设施蔬菜生产发展异常迅速。伴随着环渤海地区蔬菜生产，尤其是设施蔬菜生产的飞速发展，化肥、农药、农膜等农用生产资料的密集投入也产生了大量的碳排放，给该地区农业生态环境带来了日益严峻的挑战。因此，在目前我国蔬菜生产方式面临低碳转型的压力下，以环渤海地区为研究区域探讨我国蔬菜生产的低碳化发展路径具有代表性和先导性。

实地调研中采取分层随机抽样的方式，首先在环渤海地区的五个省（直辖市）中随机选取 2~4 个蔬菜生产县（市/区），其次在各被选中的蔬菜生产县（市/区）中再随机选取 2~4 个蔬菜生产镇（乡/街道），最后在每个被选中的蔬菜生产镇（乡/街道）中再随机选取 2~4 个蔬菜生产自然村，并对所选村的蔬菜种植户进行随机抽样和问卷调查。根据实地调查资料，所获得的样本分布在调研区域内的 15 个蔬菜生产县（市/区）① 36 个蔬菜生产镇（乡/街道）76 个蔬菜生产自然村。为了降低受访蔬菜种植户对调查问卷中相关问题的理解偏差所导致的对问卷完成质量的影响，在实地调研中采取了调研员和受访农户进行一对一访谈，并由调研员当场填写问卷的方式。所有参加实地调研的调研员均是从农林经济管理等相关专业中公开招募的高年级本科生或者研究生，并在参加实地调研前经过了严格的岗前培训。调研结束后通过对调查问卷进行初步整理共获得调查问卷525 份，剔除 1 份指标数据严重缺失的无效问卷②，共获得有效调研问卷524 份，所得问卷的有效率为 99.81%。

1.6　可能的创新点

本研究可能的创新点主要体现在以下几个方面：

第一，在"碳"计量的基础上进行环境视角下蔬菜生产的数量经济分析。农业相关联的环境问题研究的重要性已是一种共识，但作为我国农村重要产业的蔬菜生产，其投入和产出如何影响环境，纳入环境因素后的蔬菜生产效率如何，影响蔬菜生产负的外部性的因素有哪些，如何构建生态补偿机制和政策体系等，对这些问题目前的研究缺乏具体量化分析。本研究通过"碳"进行计量，即在碳排放、碳汇及相关指标测算的基础上，对上述一系列问题分别进行数量经济分析。所运用的方法综合了具有互补作用的多种量化分析方法。这一点也有别于自然科学的学者：虽然对蔬菜生产过程进行了碳排放和碳汇的实验观察或测算，但往往不做系统的数量经济分析。

第二，从农户和政府两个视角研究低碳化生态补偿机制及环境政策。

---

① 实地调查的样本点包括山东省的寿光市、青州市,河北省的固安县、高邑县,辽宁省的凌源市、北镇市和海城市,北京市的大兴区、顺义区、通州区和密云区,天津市的北辰区、西青区、蓟州区和静海区。

② 造成该调查问卷指标数据严重缺失的原因是调研员对受访蔬菜种植户进行问卷调查时该农户正忙于雇工修缮自家的日光温室,由于当时紧急需要外出采购一些温室设施材料而中断了问卷调查。

目前，中国蔬菜生产经营的基本格局仍然是以一家一户的分散经营为主，蔬菜生产低碳化的主体在农户，因此本研究立足于农户这一微观视角对蔬菜生产低碳化的边际减排成本、驱动因素和农户生产行为等进行分析，并在此基础上从宏观上探讨蔬菜生产低碳化的生态补偿机制。最后，根据低碳化发展的作用机理及补偿机制提出促进蔬菜生产低碳化发展的政策建议。

第三，基于参数化的环境方向性距离函数提出了一种推导碳排放影子价格的新方法。已有文献关于环境污染影子价格的推导方法通常是：首先，假设环境规制条件下环境污染的影子价格是客观存在的，生产者在决策时会考虑环境成本；其次，根据环境方向性距离函数与利润函数之间的对偶性，运用包络定理求出环境污染的影子价格。而本书所提出的碳排放影子价格的推导方法则是：首先，假设生产者能够及时对碳排放的边际产出效应作出反应。其次，根据参数化的环境方向性距离函数与碳排放的边际产出效应之间的微分关系直接求得碳排放的影子价格。与原来的方法相比，新方法的推导思路更易理解，推导过程也更加简练。最后，本书第4章运用所提出的新方法对中国环渤海地区五省市蔬菜生产的碳排放的边际产出效应和影子价格进行了测算，证明了其有效性。

第四，基于低碳经济理论构建了蔬菜生产低碳化驱动因素的理论分析框架。根据低碳经济理论，产业发展低碳化的主要驱动因素是技术进步和经济增长，而库兹涅茨认为经济增长的关键因素是技术进步和制度变迁，由此可知产业发展低碳化和经济增长的根本动力归根结底均来源于技术进步和制度变迁。这与低碳经济依靠技术选择和制度安排实现经济的可持续发展的核心理念是一致的。由于资源禀赋是一切产业发展的基础，技术选择和制度安排也均要受资源禀赋条件的约束，因此本书第5章从资源禀赋、技术选择和补贴政策三方面构建了蔬菜生产低碳化驱动因素的理论分析框架，并运用蔬菜种植户的实地调查数据实证了该理论分析框架的适用性。

第 2 章　蔬菜生产低碳化的理论分析

低碳农业有着非常丰富的内容，是当前资源与环境经济学、生态经济学尤其是低碳经济学的研究热点，也是世界各国减少温室气体排放和抵制全球气候变暖所采取的重要政策措施。国内外针对低碳农业的研究已经持续多年，但由于研究侧重点主要放在了森林、草原、粮食等功能单元上，截至目前还没有发现关于蔬菜生产低碳化的系统研究。因此，在研究蔬菜生产碳足迹、低碳化与生态补偿机制之前，有必要对蔬菜生产低碳化的相关概念及相关理论进行归纳梳理，并对整体研究框架进行构建。

2.1　蔬菜生产低碳化的相关概念界定

蔬菜生产是整个蔬菜产业链中最基础也最为重要的一个环节。由于蔬菜具有鲜活农产品"鲜嫩易腐、不耐贮运"的典型特点，虽然其产业链中包括生产、加工、销售、消费等多个环节，但除生产以外的其他环节一般均比较短，因此也更加凸显了蔬菜生产环节在整个蔬菜产业中的重要地位。低碳化是低碳经济学中一个非常重要的概念，是从"高碳"向"低碳"转变的过程，具有极为丰富的内涵。总之，在倡导低碳产业发展的大背景下，"蔬菜生产"和"低碳化"走到一起对蔬菜产业的可持续发展具有重要意义。为便于研究，本节接下来的部分对蔬菜生产低碳化的相关概念进行一一阐述。

（1）蔬菜。蔬菜是人们日常生活中必不可少的食物消费品，是人体获取必需的维生素、矿物盐和膳食纤维的重要来源。蔬菜的定义可追溯到 2000 多年前的春秋战国时期，《尔雅》中有关于蔬菜的记载，曰："菜谓之蔬。"后来，东汉时期的许慎在其《说文》中亦有关于蔬菜的描述："草之可食者曰蔬。"可见，"蔬"和"菜"在我国古代说的可能是同一样东西，故今天我们习惯称其为"蔬菜"。1990 年，《中国农业百科全书（蔬菜卷)》把蔬菜正式定义为："可供佐餐的草本植物的总称。"蔬菜品类繁多，且划分方法也多种多样。按最为常见的植物学分类方法就可以将其分为 50 科 300 种（李建伟，2012），日常生活中比较常见的蔬菜主要包括果菜类、叶菜类、根菜类和茎菜类等。由于不同种类的蔬菜作物具有不同的生长习性，因此在生产周期、生产模式、生产投入和管理模式方面均存在较大的差异。为便于分析，本书选择在我国南方北方分布广泛、设施露地均有种植的果类蔬菜作为研究对象进行讨论，主要包括黄瓜、番茄、菜椒和茄子四个果类蔬菜作物品种。

（2）蔬菜生产系统。蔬菜生产系统是指以农田生态系统内蔬菜作物为中心，通过与外界环境进行物质和能量交换及相互作用所构成的一种蔬菜生产体系（宋博等，2015a）。蔬菜生产系统作为农田生态系统的一个重要亚系统，和农田生态系统一样是人工建立的生产系统，因此人在该生产系统内起着关键的作用。从事蔬菜生产的农户和其种植的各种蔬菜作物构成了这一生产系统的主要成员。农户在蔬菜生产中必须不断地从事播种、施肥、灌溉、除草和治虫等活动才能够使蔬菜生产系统朝着满足人类需要的有益方向发展。

（3）碳排放。碳排放（carbon emissions）是温室气体排放的统称，温室气体中所占比重最大的是二氧化碳，由二氧化碳所造成的温室效应占到总温室效应的 63%，因此用"碳排放"一词作为温室气体排放的代表（国家气候变化对策协调小组办公室，2004）。其实，温室气体指任何会吸收和释放红外线辐射并存在于大气中的气体，《京都议定书》中要求进行控制的温室气体包括二氧化碳、甲烷、氧化亚氮、氢氟碳化合物、全氟碳化合物、六氟化硫等 6 种（滕玲，2016）；农业温室气体主要包括前 3 种。

（4）碳源与碳汇。碳源（carbon source）与碳汇（carbon sink）是两个相对的概念。《联合国气候变化框架公约》将碳源定义为"向大气中排放二氧化碳等温室气体的过程、活动或机制"，而将碳汇定义为"从大气中消除二氧化碳的过程、活动或机制"。农业生产系统既是碳源也是碳汇，农业碳源是指农业生产过程中所产生的各种直接和间接碳排放[①]；农业碳汇则是指农业生产过程中固定在农作物体内和封存在农田土壤内的有机碳（田云等，2014）。具体到蔬菜生产系统，碳源主要包括蔬菜生产过程中化肥、农药、农膜、柴油、电力等工业化学品投入产生的间接碳排放；碳汇则主要是指蔬菜作物在生长过程中通过光合作用所形成的有机碳，下文中统称为光合作用碳汇（宋博等，2015a；2016a）。另外，蔬菜生产系统土壤通过自身的呼吸作用和固碳作用亦能形成碳源和碳汇，但在 0 ~ 20 厘米的耕层土壤中由碳汇和碳源差额所产生的有机碳含量随耕作时间的延长并没有显著变化（王艳，2010）。这说明蔬菜生产系统由土壤自身呼吸作用所形成的碳源和固碳作用所形成的碳汇大致相当。加之本书主要关注的是蔬菜生产过程中由人的活动所产生的碳源和碳汇，因此在蔬菜生产系统的碳源和碳汇的核算中没有考虑由土壤自身呼吸作用和固碳作用所产生的碳源和碳汇。

（5）碳足迹。碳足迹（carbon footprint）起源于生态足迹（ecological footprint），Wackernagagel 和 Rees（1996）采用生态足迹来描述人类生产或消费活动所造成的生态影响；碳足迹是指某项活动在整个生命周期或特定时段内排放到或从环境中去除的温室气体的量（Strutt et al.，2008）。根据碳足迹的概念，农业碳足迹可以引申为在农业生产过程中排放到或从生态环境中去除的二氧化碳等温室气体的量，通过对蔬菜生产碳足迹的研究可以对蔬菜生产系统的碳排放和碳汇进行测算，并对蔬菜生产的碳强度和碳效率作出综合客观的评价，从而为蔬菜生产低碳化的进一步研究提供系统有效的计量工具。

（6）生态补偿机制。生态补偿机制是指以保护生态环境和促进人与自然和谐发展为目的，根据生态系统服务价值、生态保护成本和发展机会成本运用政府手段和市场手段对生态保护利益相关者之间利益关系进行调节

---

①　农业直接碳排放是指农业生产过程中直接排放或直接消耗能源，如柴油燃烧所产生的碳排放；而农业间接碳排放则主要是指能源消耗导致的隐含碳排放和由化肥、农药、农膜等工业投入品在生产、运输过程中导致的隐含碳排放（黄祖辉等，2012）。

的公共制度（刘琨，2010）。蔬菜作物通过光合作用合成有机质，吸收大量二氧化碳，进而削弱温室效应，抵制全球气候变暖，具有显著的生态系统服务价值。因此，结合生态补偿机制的概念，蔬菜生产系统碳汇功能的生态补偿机制的基本内涵是：根据蔬菜生产所形成的碳汇功能的生态服务价值向提供该服务的相关主体进行付费，用以弥补创造碳汇功能生态服务所需的成本或者使该生态服务本身所具有的价值得以实现，从而运用经济手段对碳汇利益相关者之间的关系进行调节，以促进人与自然和谐发展的制度安排。

2.2 关于低碳化的理论分析

在蔬菜生产低碳化的发展过程中，蔬菜生产系统碳足迹的测算及评价是基础，蔬菜种植户的低碳生产行为及影响因素是关键，而基于蔬菜生产系统碳汇功能的生态补偿机制构建是保障。因此，关于蔬菜生产低碳化的研究是一个生态学、经济学和管理学多学科交叉的综合性课题。本书所要用到的相关理论主要包括低碳经济理论、外部性与公共物品理论。

2.2.1 低碳经济理论

随着全球气候变暖和化石能源危机的到来，低碳经济成为备受全社会关注的热词。国内外关于低碳经济的定义众多，对其内涵的界定截至目前也没达成共识。"低碳经济"一词最早出现在 2003 年的英国能源白皮书《我们能源的未来：创建低碳经济》，是指通过更少的温室气体排放，获得更多的经济产出（付允等，2008）。国内学者也对低碳经济理论进行了积极的探索。金涌等（2008）认为，低碳经济是以低能耗、低污染为基础的绿色生态经济，关键是要开发产业节能新技术。李慧明等（2010）认为，低碳经济是生态经济、循环经济、绿色经济等一系列可持续发展理念在气候变暖形式下的具体体现。而中国环境与发展国际合作委员会（2010）对低碳经济的定义则是：一个新的经济、技术和社会体系，与传统经济体系相比，在生产和消费环节中能够节省更多的能源消耗，进而减少温室气体的排放，同时还能保持经济发展势头。从理论上讲，只要有足够而廉价的能源，只要有投资，设施能够运行，则循环经济和绿色经济均能得到充分实现；而在实践中，循环经济和绿色经济的发展却均要受到低碳的制约，因此对循环经济、绿色经济、低碳经济最终的检验，低碳标准最为有效（潘家华，2013）。

总之，发展低碳经济的核心就是：在市场经济条件下，通过制度安排和政策措施的制定与实施，推动能效技术、可再生能源技术和温室气体减排技术等的开发利用，促进社会经济朝着低能耗和低碳排放的发展模式转型，形成低碳的生产和消费方式（周宏春等，2012）。低碳经济具有以下特点：

（1）相对性。从世界范围看，各国的经济发展状况不同，其产业分工也不同，因此相应的技术水平也存在很大差异，从而难以确定一个各国均能认同并接受的单位 GDP 碳排放量标准（周宏春，2009）。目前国际上惯用的单位 GDP 碳排放标准是以生产地为基础的。事实上，多数发达国家已经迈过了以使用高碳能源为主要动力的生产发展阶段，其高碳消费的背后往往是以诸多发展中国家的高碳生产为支撑的，这种间接碳排放的转移不仅会使得现有的碳排放核算体系不公平，而且最终将会导致只能由全人类共同面对的全球性生态危机。

（2）动态性。低碳经济的发展转型过程是一个动态的经济发展转型过程，而不是一个静态的考量指标。具体而言，低碳经济的转型是一个从传统的高能耗、重污染、低效率的生产方式向低能耗、无污染、高效率的生产方式转变过程，其间一般会先后经历单位 GDP 碳排放量下降、人均碳排放量下降和绝对碳排放量下降等三个动态变化过程。

（3）技术性。低碳经济发展的关键在于低碳技术的支撑。也就是说，低碳经济的发展归根结底要依靠低碳技术的进步来实现。通过开发能源利用效率更高的生产技术可以使在实现同等产出水平的情况下消耗更少的能源，从而有效地降低碳排放强度。但需要注意的是，低碳技术一定要具有经济可行性，即使用低碳生产技术节约能源所产生的经济效益也一定要高于其使用成本，否则相关生产主体就没有主动采用这些技术的动力，那么这些低碳技术也同样不能够有效地被运用到社会经济的发展中。

（4）经济性。低碳经济的经济性主要体现在两个方面：一是低碳经济应符合市场规律，其发展应该主要靠价格机制的引导，而不是主要靠政府推动；二是低碳经济发展不能以损害人们的生活条件和福利水平为代价，即在实现低碳的同时，还要保证经济发展。比如，传统的农耕生产方式无疑是低碳的，但其农业生产率极其低下，因此也不符合低碳经济的经济性特点。

（5）目标性。低碳经济具有目标性，即低碳经济追求的是单位 GDP 碳排放强度的降低、人均碳排放的减少和区域碳排放总量的减少，但并不是永无止境地要求这样做。事实上，人类社会和经济的发展永远也不可能达到零碳排放。低碳经济的最终目标是使全球大气层中的温室气体的浓度稳定在一个相对合理的水平上，不至于对人类及其他生物的生存和发展产生不利影响，进而实现人与自然的和谐发展（杜悦英，2010）。

低碳经济理论认为，单位 GDP 碳排放量、人均碳排放量和碳排放总量与时间之间一般也均会出现类似"环境库兹涅茨曲线"的倒"U"形曲线关系，且三种碳排放倒"U"形曲线的峰值会先后出现（见图 2 - 1），反映了低碳经济的发展是一个从单位 GDP 碳排放量不断减少到人均碳排放量不断降低，再到碳排放总量持续下降的过程。

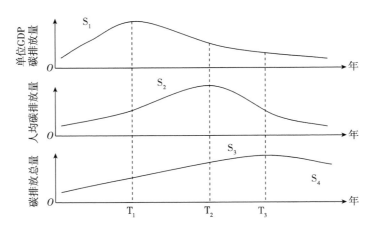

图 2 - 1　三种碳排放倒"U"形曲线及其相互关系示意图
资料来源：本图参考了周宏春（2012）的研究成果（第 40 页中的图 2 - 4）。

如图 2 - 1 所示，根据三个倒 "U" 形曲线的峰值先后出现的关系，可以把一个国家或地区的经济发展水平和碳排放的演化关系划分为 S_1、S_2、S_3 和 S_4 四个阶段。S_1 阶段是单位 GDP 碳排放量达到峰值之前的阶段，即单位 GDP 碳排放量、人均碳排放量和碳排放总量均在不断增加的阶段；S_2 阶段是单位 GDP 碳排放量达到峰值之后到人均碳排放量达到峰值之前的阶段，即单位 GDP 碳排放量不断减少，同时人均碳排放量和碳排放总量仍在不断增加的阶段；S_3 阶段是人均碳排放量达到峰值之后到碳排放总量达到峰值之前的阶段，即单位 GDP 碳排放量和人均碳排放量均在不断减少，但碳排放总量仍在不断增加的阶段；S_4 阶段是碳排放总量达到峰值之后的阶段，即三种碳排放量均在持续减少，但碳排放总量已逐渐趋于平稳的阶段。从已经跨越了碳排放总量峰值的国家和地区来看，一般而言，S_2 经历的时间较长，而 S_3 经历的时间较短，甚至不少国家或地区跨越人均碳排放量峰值和碳排放总量峰值的时间几乎是同时的。如果跨越了 S_2，那么再跨越 S_3，进而进入 S_4 阶段将会容易得多。主要发达国家或地区经历 S_2 的时间在 22 ~ 91 年之间，平均为 55 年；而经历 S_3 的时间除了法国和中国香港均为 6 年外，其余如比利时、丹麦、德国、荷兰、新西兰、新加坡、瑞典、瑞士和英国等 9 个国家或地区均几乎同时跨越了人均碳排放量峰值和碳排放总量峰值（周宏春，2012）。在 S_1 阶段，过度依赖化石能源的碳密集技术对碳排放起主导作用；在 S_2 阶段，经济增长对碳排放起主导作用；在 S_3 阶段，低碳技术的进步对碳排放所起的作用日益增强，并逐渐抵消了人口和经济增长对碳排放的作用；而进入 S_4 阶段以后，低碳技术进步将持久地占据主导地位，碳排放总量将持续下降并最终趋于稳定。

应对全球气候变暖，发展低碳经济，不能脱离发展阶段。在不同阶段，发展低碳经济的重点和目标应有所不同。在一国或一个地区的初级发展阶段，应注重降低单位 GDP 碳排放量；中期发展阶段应注重降低人均碳排放量；而处于发展后期阶段的国家和地区，则应该把降低碳排放总量作为重点。目前中国仍然是一个发展中国家，正处于从单位 GDP 碳排放量不断减少并向人均碳排放量峰值不断迈进的 S_2 阶段，在这个阶段，人均碳排放量和碳排放总量都还在不断增加。由于我国的人口基数很大，在相当长一段时期内人口还会继续增加，因此我国要想跨越人均碳排放量峰值，继而进入人均碳排量不断下降的 S_3 阶段就要使碳排放总量的增长速度小于人口增长的速度。由于人口增长的速度受生物学规律的影响而惯性较大，通过抑制人口增长率的办法来降低人均碳排放难度很大。因此，只有通过技术创新推动技术进步，尤其是低碳生产技术的开发和利用，降低我国总碳排放的增长速度才是明智之举。总之，在单位 GDP 碳排放量不断下降的基础上，我国发展低碳经济应以降低总碳排放的增长速度为目标导向，而不应该过度地追求人均碳排放量的下降，更不能盲目地追求碳排放总量绝对量的下降。蔬菜产业作为我国农业产业的重要组成部分，是国民经济的基础产业，也不能脱离中国目前的经济发展阶段。因此，我国蔬菜生产的低碳化发展最终目标是碳排放总量的下降，但目前阶段更应该重视单位蔬菜产出碳排放量的持续减少。

2.2.2 外部性与公共物品理论

气候变化问题具有外部性和公共物品的双重特点。一方面，由碳排放导致的全球气候变暖造成了人类赖以生存的自然环境发生不利改变，对整个社会具有很强的负外部效应；另一方面，地球大气环境作为温室气体的存储资源是全球性的公共物品，各国均有排放温室气体的权利。因此，外部性与公共物品理论可以为全球气候变暖问题的分析提供相应的理论基础。

2.2.2.1 外部性理论

外部性（externality）又称外部效应，是指某一个体在从事经济活动时给其他个体造成了积极或消极的影响，但并没有取得应有的报酬或承担应有的成本的情形。外部性理论起源于阿弗里德·马歇尔（A. Marshall）在1890年出版的巨著《经济学原理》里提出的"外部经济"概念。之后，他的学生庇古（Pigou）于1920年在其所著的《福利经济学》一书中提出了外部性理论，并于1932年首次将环境污染作为外部性问题进行了分析。外部性理论不仅对环境问题作出了合理的经济解释，而且也为环境所产生的外部性问题提出了明确的经济分析和解决思路。按照外部性理论，外部

性的存在可能导致私人的边际收益（成本）与社会的边际收益（成本）发
生背离，在这种情况下，完全依靠市场不能实现帕累托最优状态下的资
源配置，进而不能实现整个社会的福利最大化；为此，必须通过政府干
预来校正这一背离。而环境问题就是由市场在环境资源配置上的失灵引
起的，因此可以通过政府干预对市场失灵进行纠正。政府只需对造成环
境负外部性的行为进行征税（庇古税），并对产生环境正外部性的行为
进行补贴，就能使环境问题的外部性内部化，从而使环境领域中的市场
失灵问题得以解决。以生产 X 产品时对环境污染的负外部性为例进行说
明，如图 2 - 2 所示。

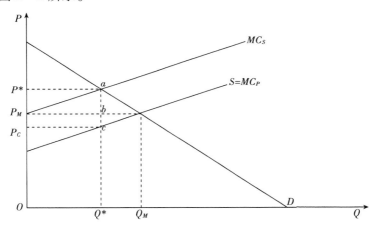

图 2 - 2　环境污染的负外部性

　　根据图 2 - 2，在自由市场经济中，私人生产 X 产品的供给曲线 $S = MC_P$ 和社会的需求曲线 D 决定了均衡产出 Q_M 和均衡价格 P_M。如果生产或消费每单位 X 产品时存在负外部性，实际的边际社会成本曲线 MC_S 就会高于边际私人成本 MC_P。则社会成本曲线 MC_S 和需求曲线 D 的新交点处才是实现整个社会福利最大化时的帕累托至善点，也即整个社会最有效率的点，此时 X 产品的产出量和价格分别为 Q^* 和 P^*。因此，如果政府对每单位 X 产品征收 ac 的庇古税，就可以通过加入环境污染的社会成本而使得 X 产品的实际产出量降低到社会最优水平 Q^*。此时，消费价格从 P_M 上升到 P^*，生产者所获得的价格从 P_M 下降到 P_C；也即环境污染的社会成本由消

费者和生产者共同承担，承担的庇古税额分别为 ab 和 bc。

值得反思的是，诺贝尔经济学奖得主、著名的美国经济学家科斯承认外部性的存在，但他对庇古提出的政府干预的解决方案并不认同。科斯在他 1960 年发表的《社会成本问题》一文中，从产权的角度提出了外部性产生的原因和解决外部性问题的新思路。科斯认为，正是产权界定不清才导致了行为权力和利益边界不清的问题，继而引发了外部性现象的出现。因此，只要产权是明确界定的，在交易成本为零的条件下，通过产权交易市场本身也可以解决因外部性问题产生的市场失灵，而无须政府进行干预（Coase，1960）。这就是经济学中鼎鼎大名的"科斯定理"，即后来经济学者所称的"科斯第一定理"。然而，新制度经济学的创始人之一、我国著名经济学家张五常教授认为交易费用为零不可能有市场（张五常，2002）。为此，一批新制度经济学家对交易费用不为零的情况进行了深入探讨，并归纳总结为"科斯第二定理"：如果交易费用不为零，初始产权的界定对资源配置的效率会产生影响。因此，当交易费用较小时，可以通过对产权进行初始界定来实现资源的优化配置，从而使外部效应内部化，并不需要抛弃市场（贺诗倪等，2010）。

2.2.2.2 公共物品理论

公共物品理论作为一种经济理论最早出现于 19 世纪末期，新古典综合派的代表人物萨缪尔森和诺德豪斯将公共物品界定为"每个人对这种物品的消费都不会影响其他人对该物品的消费"。这个定义中的公共物品指的是同时具有非排他性和非竞争性的纯公共物品，而现实中大量存在的往往是仅具备非排他性或非竞争性两者之一的准公共物品。仅具有非排他性的物品称为"公共资源"，如公共海滩、公共渔场、公共牧地等，这种准公共物品容易产生"公地的悲剧"问题[①]，即一种资源如果无法有效地排他就会导致过度使用；而仅仅具有非竞争性的物品称为"俱乐部物品"，如公路、桥梁、公园等，这种准公共物品容易产生"拥挤"问题，即在边际

---

① "公地的悲剧"问题最早由英国学者哈丁提出，具体可参阅其于 1968 年发表在《科学》杂志上题目为"公地的悲剧"的文章。

生产成本为零的情况下该物品的提供者具有鼓励消费的倾向。公共物品所具有的非排他性和非竞争性意味着，公共物品的消费是难以分割进行单独销售的，如果由市场提供，则每个消费者均可等待他人购买消费时自己也顺便免费享用，这即是经济学所指的"搭便车"现象。如果每个人都成为搭便车者而拒绝为公共物品付费，那么最终的结果将是没有人愿意提供这种物品，从而导致没有人能够享受到该公共物品。这即是由"搭便车"行为导致的公共产品供给的市场失灵。公共物品理论作为一种系统的经济理论，为政府干预经济提供了具有说服力的理论依据和合理的经济解释。以公共物品 Y 为例进行说明，如图 2 - 3 所示。

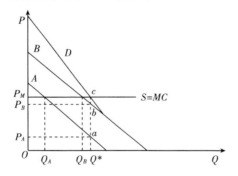

图 2 - 3 政府干预公共物品的经济解释

在图 2 - 3 中，供给曲线（边际社会成本曲线）$S = MC$ 和社会总需求曲线 D 的交点 c 决定了公共物品 Y 的社会最优数量 Q^* 和相应价格 P_M。然而，对于公共物品的消费存在着"搭便车"行为，在自由市场条件下并不会自发地达到这个社会最优数量。由于每个人都能享用别人所提供的该公共物品而不进行付费，因而每个人在这种情况下愿意购买该物品的数量都比他在单独行动下所愿意购买的数量要小。在价格为 P_M 的情况下，自由市场可以在满足个体 B 的需求 Q_B 的同时，又不影响个体 A 的需求 Q_A（$Q_A <Q_B$）；也即是说 A 可以免费搭乘 B 的便车。所以，在自由市场条件下，公共物品 Y 仅会达到一个次优水平 Q_B。为了使公共物品 Y 的数量达到最优水平 Q^*，就要采取某种形式的政府干预。一个有效的解决方案是向每个消费者按使用公共物品的数量来收取相应的费用，即每消耗单位公共物品

Y 分别向 A 和 B 收取 P_A 和 P_B 的费用，从而促使他们每人都要求公共物品 Y 保持最优的数量 Q^*。此时，A 和 B 两个人各自需要支付的费用分别为 $P_A \times Q^*$ 和 $P_B \times Q^*$。

在蔬菜生产低碳化的研究中，明确碳排放的负外部性和碳汇生态服务功能的正外部性，以及它们所具有的公共物品属性，有助于我们更好地运用外部性及公共物品理论解释并解决蔬菜生产低碳化的生态补偿机制问题。蔬菜生产系统所产生的碳排放对生态环境具有负的外部效应，但蔬菜作物进行光合作用所形成的碳汇却对生态环境具有正的外部性。然而，由于碳排放权和碳汇服务均具有典型的公共物品属性，在自由市场条件下难以通过价格机制形成有效的资源配置方式。这就需要政府对造成环境负外部性的高碳排放的相关主体进行征税（碳税），或直接责令其购买碳排放权；同时，需要政府部门对产生环境正外部性的碳汇供给相关蔬菜生产主体进行补贴。这样就能使蔬菜生产低碳化问题的外部性内部化，从而使市场失灵问题得以解决。值得注意的是，蔬菜生产过程中既有碳排放所产生的负外部性，也有光合作用碳汇所带来的正外部性；但一般情况下，农田生态系统所产生的光合作用碳汇均远大于碳排放（田云等，2013；宋博等，2015a）。因此，解决蔬菜生产系统所产生的碳排放和光合作用碳汇对生态环境的外部性问题需要政府根据该系统所产生的净碳汇[①]对其进行补贴。

另外，根据科斯定理，只要能够对碳汇赋予明确的私有产权，在交易成本足够低甚至交易成本为零的情况下，通过碳交易市场本身也可以解决蔬菜生产低碳化的外部性问题。因此，政府通过赋予蔬菜生产系统所产生的净碳汇明确的私有产权（碳排放权），并允许其在碳排放交易市场进行交易，也可以解决蔬菜生产过程中碳排放和光合作用碳汇所带来的外部性问题。但笔者认为：首先，地球大气环境属于全人类共有的资源，其实质上并不存在任何所有权，因此碳排放私有产权的明确界定存在极大困难。

---

① 蔬菜生产系统产生的净碳汇是指蔬菜作物在生长过程中由光合作用所产生的固碳量减去蔬菜生产过程中所产生的总碳排放后的净剩余。

其次，全球气候变暖是世界性问题，而目前国际性的碳排放权交易体系还未建立，即便是在我国国内，全国统一的碳排放权交易市场也还是方兴未艾，在这种情况下碳排放权的让渡问题势必面临较高的交易成本。最后，在碳排放权交易费用不为零的情况下，想要对碳排放权的初始产权进行明确的界定也存在一定的困难。碳排放初始产权的界定如果不能在社会相关利益主体之间进行公平合理的界定，则会对资源配置的效率产生不利影响，并会进一步加剧社会成员的贫富差距程度。因此，我国当前解决蔬菜生产低碳化的外部性问题的主要手段还是要靠政府干预。不过，等到我国全国性碳排放交易市场的建立并不断完善后，政府干预和市场机制相结合的方式也不失为一种值得期待的解决蔬菜生产低碳化外部性问题的方法。

2.3　蔬菜生产低碳化的研究框架

本书以蔬菜生产系统为研究边界，沿着"蔬菜生产碳足迹→蔬菜生产低碳化→蔬菜生产碳汇功能的生态补偿机制"的逻辑思路对全书的研究框架进行设计。具体如下：首先，针对本研究的总目标，即探索我国蔬菜生产的低碳化发展问题，对蔬菜生产系统所产生的碳排放和碳汇进行核算，在此基础上从土地碳强度、碳生态效率、碳生产效率、碳经济效率等多个指标对蔬菜生产系统碳足迹进行综合评价，从碳核算和碳评价两个维度实现对碳足迹的计量，为后续研究奠定基础；其次，对蔬菜生产低碳化的边际效应、驱动因素、农户行为及支付意愿进行分析，分别从减排成本、运行动力和实施主体三个层面对蔬菜生产低碳化进行研究，为探索我国蔬菜生产低碳化发展路径的总目标提供支撑；最后，在已有研究的基础上，基于碳汇功能从补偿依据、补偿主体、补偿标准和补偿方式等四个方面对我国蔬菜生产低碳化的生态补偿机制进行构建，为我国的蔬菜生产低碳化发展提供保障。

根据以上阐述，本研究的思路和研究框架如图 2 - 4 所示。

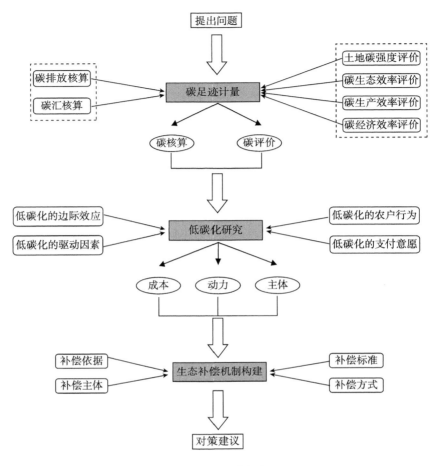

图 2 - 4　研究框架

2.4　本章小结

　　蔬菜生产低碳化相关概念的明晰及相关理论的梳理是后续研究蔬菜生产碳足迹、低碳化与生态补偿机制的基础。首先，本章从蔬菜及蔬菜生产系统、碳排放、碳源及碳汇、碳足迹和生态补偿机制等方面对蔬菜生产低碳化所涉及的重要概念进行了详细界定；其次，对低碳经济理论、外部性与公共物品理论等蔬菜生产低碳化与生态补偿机制研究中所需要的相关理论进行了一一归纳和阐述；最后，对整体研究框架进行了构建。主要内容总结如下：

第一，低碳经济理论为分析蔬菜生产低碳化提供了理论基础。低碳经济理论是在全球气候变暖背景下发展起来的一种新兴的经济学理论分支，其所体现的主要经济规律是单位 GDP 碳排放量、人均碳排放量和碳排放总量与时间（经济发展水平）之间均具有倒"U"形曲线关系，且三种碳排放倒"U"形曲线的峰值会先后出现。这说明经济发展的低碳化是一个从产值碳排放强度不断减少到人均碳排放量不断降低，再到碳排放总量持续下降的过程。

第二，外部性与公共物品理论为蔬菜生产系统碳汇功能的生态补偿问题提供了合理的经济解释和解决方法。外部性与公共物品理论作为经典经济学理论中的重要组成部分，从公共物品属性和私有产权界定的视角对外部性问题进行了经济解释，并从政府干预（庇古税）和市场机制（产权交易）两个方面提出了解决方法。

第三，蔬菜生产系统产生的光合作用碳汇具有公共物品属性，且具有显著的正外部性效应。因此，蔬菜生产低碳化的外部性问题既可以通过政府提供生态补贴或者别的方式解决，也可以赋予碳汇明确的初始产权，通过碳交易市场本身来解决。但明确赋予温室气体的初始排放权存在困难，且目前碳排放权的交易成本过高，所以选择政府干预和市场机制相互配合的方式解决我国当前蔬菜生产低碳化的外部性问题亦不失为一种理性的选择。

第3章 蔬菜生产系统碳足迹核算及评价

对不同地区和不同农作物生产系统的碳排放来源、碳排放结构进行精确核算和深度分析是制定科学的低碳现代农业发展模式的前提和基础（冉光和等，2011），而通过对农业生产系统碳足迹的研究可以对农田生态系统的碳排放和碳汇作出综合客观的评价。蔬菜生产系统是农田生态系统的一个重要亚系统，蔬菜生产系统碳足迹是农业碳足迹的重要组成部分。因此，研究蔬菜生产系统碳足迹，对蔬菜生产过程中产生的碳排放和光合作用碳汇进行科学核算和客观评价是正确认识蔬菜生产对生态环境影响的基础，对构建低碳现代蔬菜产业发展模式具有重要意义。本章在对中国环渤海地区五省市进行实地调研的基础上，根据农业碳足迹理论，运用生命周期分析法（life cycle assessment，LCA）对蔬菜生产系统的碳足迹进行测算；并构建相关评价指标体系，运用多目标灰靶决策模型（multi-objective grey target decision，MOGTD）对不同地区蔬菜生产系统的碳足迹进行综合评价。

3.1 碳足迹的核算方法及适用范围

碳足迹是指某项活动在整个生命周期或特定时段内排放到或从环境中去除的二氧化碳、甲烷、氧化亚氮及氟氯化物等温室气体的量（Strutt，2008）。而农业碳足迹理论则是在 West（2002）和 Lal（2004）等人对农田生态系统碳循环研究的成果上形成的。目前碳足迹的核算方法主要包括生命周期评价法（LCA）、投入产出分析法（input-output analysis，IOA）和混合法（hybrid methods）（计军平等，2011）。生命周期评价法是一种自下而上的碳足迹核算方法，涵盖从生产源头到产品消费及其产生的废弃物处置的全过程，其分析结果具有较强的针对性，适用于微观尺度的碳足迹核算（Schmidt，2009）。生命周期评价法测算过程比较详细，所得结果准确性高，是目前相对成熟和被普遍认可的碳足迹核算方法。但该方法要求所需数据具有准确性、代表性、一致性和可再现性（Curran，1996），因此搜集数据的成本高，需要投入大量的人力和物力。投入产出分析法是一种自上而下核算碳足迹的方法，以整个经济系统为边界，具有综合性和稳健性，且通过投入产出表中的宏观数据并建立相应的数学模型就可进行碳足迹的核算，大大减少了获取数据的难度（Wiedmann，2009）。但该方法仅适合于宏观尺度的碳足迹核算，且主要利用的是统计部门的二手数据进行计算，而我国的投入产出表每 5 年编制一次，因此计算结果相对滞后和粗糙。Matthews et al.（2008）结合生命周期评价法和投入产出分析法，提出了碳足迹核算的混合法，Lenzen et al.（2009）发展了这种方法。该方法比较适合于中观尺度的碳足迹核算，但由于该方法对研究人员的理论水平要求较高且运算过程烦琐复杂，因此在实际运用中非常少见（Williams，2009）。Peters（2010）认为，在对某一特定的生产或消费系统的碳足迹进行研究时，应该根据研究对象的尺度选择相应的方法，综合权衡数据搜集成本和对计算结果精确性的要求。

近年来，诸多学者针对不同尺度，运用不同方法，对不同功能单元的碳足迹进行了研究。运用生命周期评价法，Barthelmie et al.（2008）对苏格兰比拿城的一个小型社区的碳足迹进行了评价，Schulz（2010）对新加坡的一个微型经济体直接和间接碳排放进行了比较研究。在宏观尺度上运用投入产出分析法，Hertwich et al.（2009）对全球国际贸易国的碳足迹进行了研究，Weber et al.（2008）对全球及美国的碳足迹分布结构进行了研究，而 Druckman et al.（2009）和 Wood et al.（2009）则分别对英国和澳大利亚的碳足迹进行了研究。Larsen et al.（2009）首次将混合法运用到实践中，对挪威的特隆赫姆市的碳足迹进行了核算。近年来，中国的碳足迹研究也受到了很多学者的关注。陈红敏（2009）运用投入产出分析法并对碳排放分析框架进行扩展，测算了中国 2002 年消费产生的碳排放。孙建卫等（2010）将投入产出分析法与碳排放清单方法相结合对中国1995—2005年的碳排放进行了核算，并对碳排放足迹及各部门之间的碳关联进行了分析。赵荣钦等（2011）根据2007年的数据运用能源消费碳排放模型对中国不同地区化石能源消费和农村生物能源消费的碳足迹进行了估算。蓝家程等（2012）运用碳排放清单方法根据1997—2009年的数据对重庆市不同土地利用方式的碳排放量和能源碳足迹进行了核算，并对其影响因素进行了分析。随着人们对环境问题的日益关注，农业碳足迹的研究也相继展开。Dubey和Lal（2009）对美国的俄亥俄州和印度的旁遮普邦的农业碳足迹进行了比较分析；黄祖辉等（2011）运用分层投入产出－生命周期评价法对我国浙江省的农业系统碳足迹进行了研究。史磊刚等（2011a）基于河北省吴桥县农户粮食生产的调查数据对华北平原冬小麦－夏玉米两熟制种植模式的碳足迹进行了分析。此研究从农户的层面进行分析，开创了微观尺度碳足迹研究的先河。陈琳等（2011）对南京地区的大棚蔬菜生产过程中的碳排放进行了测算和评价，但在进行评价时仅选择了碳强度指标，没有考虑碳效率指标。陈勇等（2013）利用1995—2010年的数据对西南地区农业生态系统的地域碳足迹进行了计算和时空特征分析，并建立环境库兹涅茨曲线模型分析了农业生态系统碳足迹和经济发展之间的关系。

综上所述，生命周期评价法与投入产出分析法在碳足迹的核算中使用得已经比较广泛，而混合法还需要进一步发展和完善。中国对碳足迹的研究主要集中在宏观和中观层面，且运用投入产出分析法的研究较多。仅有少数学者基于微观尺度，从农户视角对农业生产系统的碳足迹进行探索，且在分析和评价方法上大多存在不足之处。鉴于此，本章运用生命周期评价法对我国环渤海地区五省市蔬菜生产系统碳足迹进行核算，并基于多目标灰靶决策模型，综合考虑蔬菜生产系统的碳强度和碳效率指标对环渤海地区不同省市蔬菜生产系统的碳足迹进行评价。

3.2 基于 LCA 的碳足迹核算及评价方法

本研究是基于微观尺度对蔬菜生产系统碳足迹进行的分析，且通过对农户蔬菜生产情况的实地调研获得了比较详细、准确的相关数据，因此选择生命周期评价法进行碳足迹核算最为合适。然后，构建碳足迹评价指标体系，运用多目标灰靶决策模型，从生态功能、社会功能和经济功能的角度对我国环渤海地区不同省市蔬菜生产系统的碳足迹进行综合评价。

3.2.1　碳足迹核算

运用生命周期评价法对碳足迹进行核算应从系统边界的设置、温室气体的界定和计算公式的选取入手，步骤如下：

第一步：设置系统边界。

本研究的系统边界为蔬菜生产系统，包括蔬菜生产的全部过程。如果将蔬菜的生产过程以蔬菜作物的定植和抛秧为界分为产前、产中和产后三个阶段，那么：产前阶段需要棚膜、地膜的投入；产中阶段需要农药、化肥、柴油（主要为农业机械耗油）、电力（主要为灌溉耗电）的投入；产后阶段在完成蔬菜销售的过程中，机动车辆等交通工具也要消耗柴油和电力。

第二步：界定温室气体。

蔬菜生产过程中产生的温室气体主要是由化肥、农药、农膜和电力的生产过程中消耗化石能源所产生的二氧化碳，这部分碳排放又被称为间接碳排放。另外，农业机械运行时柴油的消耗在蔬菜生产中也会排放二氧化碳，这部分碳排放通常称为直接碳排放。因此，蔬菜生产过程中产生的温室气体主要为二氧化碳，因此本研究中温室气体界定为二氧化碳。

第三步：选取计算公式。

参考田云等（2013）的研究成果，构建蔬菜生产系统碳排放和光合作用碳汇的计算公式。

碳排放：

$$CE = \sum CE_i = \sum \mu_i V_i \qquad (3-1)$$

上式中，CE 表示总碳排放，单位是千克碳当量（kgce），E_i 为各生产投入品的碳排放，μ_i 为各生产投入品的碳排放参数，V_i 为各生产投入品的量。

光合作用碳汇：

$$CS = sY(1-\theta)/HI \qquad (3-2)$$

上式中，CS 表示光合作用碳汇，s 为光合作用碳吸收率，表示作物每合成单位有机质所需要吸收的碳；Y 为作物的经济产量，表示作物在整个生长期内所产生的可以用来出售的部分有机体的重量；θ 为生物体含水比率，表示作物含水量占整个生物体重量的比重；HI 为作物的经济系数，表示作物的经济产品部分占整个生长期内光合作用合成有机物总量的比重。

净碳汇量：

$$NC = CS - CE \tag{3-3}$$

上式中，NC 表示净碳汇量，衡量光合作用碳汇量扣除碳排放后的净值，CS 和 CE 如前文所述。

碳排放和光合作用碳汇的相关参数会对蔬菜生产碳足迹的核算与评价产生影响，因此在选择碳排放及光合作用碳汇的相关参数时要始终坚持科学谨慎的态度。由于碳排放相关参数受不同国家或地区能源结构的影响较大，而农作物光合作用碳汇的相关参数也较容易受到该地区自然环境的影响，因此本书在选择这些参数时优先考虑国内或本地区的实验数据和参考国内学者的相关研究成果。公式（3-1）至（3-2）中的相关参数值及其来源如表 3-1 所示。

表 3-1　碳排放和光合作用碳汇计算公式相关参数

参数名称	参数值	单位	文献来源
农膜碳排放系数	0.68	kgce · kg^{-1}	陈琳等（2011）；宋博等（2015a）
农药碳排放系数	4.9341	kgce · kg^{-1}	韩召迎等（2012）；李波等（2012）
化肥碳排放系数	0.8956	kgce · kg^{-1}	李波（2012）；田云等（2013）
柴油碳排放系数	0.5927	kgce · kg^{-1}	李波（2012）；田云等（2013）
电力碳排放系数	0.25	kgce · (kW·h)$^{-1}$	逯非等（2008）；夏德建等（2010）
光合作用碳吸收率	0.45	kgce · kg^{-1}	王修兰（1996）；韩召迎等（2012）；田云等（2013）；李颖等（2014）
生物机体含水比率	0.90	无量纲	
经济系数	0.60	无量纲	

3.2.2　碳足迹评价

农业碳足迹的评价指标包括碳强度指标和碳效率指标：碳强度指标主要包括土地碳强度、产量碳强度、收益碳强度；碳效率指标主要包括碳生态效率、碳生产效率和碳经济效率（Dubey et al.，2009；陈琳等，2011；史磊刚等，2011b）。考虑到产量碳强度和碳生产效率、收益碳强度和碳经济效率均互为倒数，可看作具有不同极性的同一指标，因此本书仅选择土地碳强度、碳生态效率、碳生产效率和碳经济效率等指标对蔬菜生产系统的碳足迹进行评价。

土地碳强度表示单位作物种植面积上产生的碳排放，计算公式如下：

$$\rho = CE/H \tag{3-4}$$

上式中，ρ 表示土地碳强度，单位是 $kgce \cdot m^{-2}$，H 表示土地面积，CE 如前文所述。则 ρ 越大说明该生产系统使用单位土地所产生的碳排放越多。

碳生态效率是指作物在生产过程中产生的光合作用碳汇与总碳排放的比值，是评估农业生产可持续性的指标之一（Dubey et al.，2009）。根据上述定义，可以将碳生态效率的计算公式表示为：

$$l_C = CS/CE \tag{3-5}$$

上式中，l_C 表示碳生态效率，为无量纲性指标，CS 和 CE 如前文所述。则 $l_C \geq 0$，$0 \leq l_C < 1$ 表示作物生产中的碳排放大于碳汇，数值越接近 0 说明该生产系统的可持续性越低；$l_C > 1$ 表示作物生产中的碳排放小于碳汇；$l_C = 1$ 表示作物生产中的碳排放等于碳汇，说明该生产系统对生态环境是中性的。

碳生产效率是经济产量与碳排放的比值，是衡量作物生产系统每一单位的碳排放所产生的经济产量的效率指标。根据上述定义，可以将碳生产效率的计算公式表示为：

$$l_Y = Y/CE \tag{3-6}$$

上式中，l_Y 表示碳生产效率，单位是 $kg \cdot kgce^{-1}$，Y 表示经济产量，CE 如前文所述。则 l_Y 越大说明该生产系统单位碳排放产生的经济产量越高。

碳经济效率是总产值与碳排放的比值，衡量作物生产系统每一单位的碳排放所带来的经济效益。根据上述定义，可以将碳经济效率的计算公式表示为：

$$l_I = I/CE \tag{3-7}$$

上式中，l_I 表示碳经济效率，单位是 $元 \cdot kgce^{-1}$，I 表示总产值，CE 如前文所述。则 l_t 越大说明该生产系统单位碳排放产生的经济效益越高。

从生态和社会功能的角度考虑，碳生态效率和碳生产效率比碳经济效率更为重要，但从农业的经济功能上看，碳经济效率也是衡量农业发展水平的重要指标。在建设生态文明的进程中，不仅要关注农业的经济功能，更要关注农业的生态功能和社会功能，这是农业现代化的基本要义之一（许广月，2010）。因此，应该全面权衡农业的生态功能、社会功能和经济功能，对其作出综合评价。多目标灰靶决策模型能够在各指标权重信息未知的情况下对多个被评价对象基于多个指标作出综合评价，该模型的主要思想是以系统的稳定性最优化为目标确定各指标权重，求出各被评价对象所在点与最优点的综合距离，进而确定各被评价对象的优劣排序，综合距离越小评价对象越优（罗党等，2013）。其计算步骤如下：

第一步，通过灰色极差变换公式消除不同指标下的评价值在量纲和数量级上的差异，并使不同极性类型的指标变成标准化一致性指标，以增加可比性。

a）对效益型指标，即指标值越大越好，灰色极差变换公式为：

$$r_s^{(k)} = \frac{u_s^{(k)} - \min\{u^{(k)}\}}{\max\{u^{(k)}\} - \min\{u^{(k)}\}}$$

b）对成本型指标，即指标值越小越好，灰色极差变换公式为：

$$r_s^{(k)} = \frac{\max\{u^{(k)}\} - u_s^{(k)}}{\max\{u^{(k)}\} - \min\{u^{(k)}\}}$$

c）对适中型指标，即指标值越接近理想值越好，灰色极差变换公式为：

$$r_s^{(k)} = \frac{\max\{u^{(k)}\} - \min\{u^{(k)}\}}{\max\{u^{(k)}\} - \min\{u^{(k)}\} + |u_s^{(k)} - A|}$$

其中，$u_s^{(k)}$ 为 k 指标下 S 对象的指标值，$\min\{u^{(k)}\}$ 和 $\max\{u^{(k)}\}$ 分别为 k 指标下的最小指标值和最大指标值，A 为 k 指标下的理想值。易知，$0 \leqslant r_s^{(k)} \leqslant 1$。

第二步，确定多目标灰靶靶心：$r = (\max\{r^{(1)}\}, \max\{r^{(2)}\}, \cdots, \max\{r^{(m)}\})$，为 m 维欧氏空间中的 m 维向量。

第三步，构建各被评价对象与多目标灰靶靶心的距离，即靶心距：

$$d_s = \sum_{k=1}^{m} \omega_k \mid r_s^{(k)} - \max\{r^{(k)}\} \mid , \quad s = 1,2,\cdots,n$$

其中，ω_k 为 k 评价指标的权重。

第四步，以综合靶心距最小化准则为目标函数，运用单目标最优化模型来求解最优的各指标权重：

$$\min \varepsilon_s^2 = \sum_{s=1}^{n} \sum_{k=1}^{m} \omega_k^2 \left[d_s^{(k)} \right]^2$$

$$\text{s.t.} \quad \sum_{k=1}^{m} \omega_k = 1, \quad 0 \leqslant \omega_k \leqslant 1$$

其中，$d_s^{(k)} = \mid r_s^{(k)} - \max\{r^{(k)}\} \mid$。解之得：

$$\omega_k^* = \frac{1}{\sum\limits_{k=1}^{m} \dfrac{1}{\sum\limits_{s=1}^{n} \left[d_s^{(k)} \right]^2}} \cdot \frac{1}{\sum\limits_{s=1}^{n} \left[d_s^{(k)} \right]^2}, \quad k = 1,2,\cdots,m$$

第五步，将第四步所得各指标权重回代到第三步可得各被评价对象的靶心距：

$$d_s^* = \sum_{k=1}^{m} \omega_k^* \mid r_s^{(k)} - \max\{r^{(k)}\} \mid , \quad s = 1,2,\cdots,n$$

第六步，根据靶心距 d_s^* 的大小可对各被评价对象进行优劣排序，d_s^* 越小，被评价对象越优。

3.3　蔬菜生产系统碳足迹核算结果及评价分析

3.3.1　数据来源及相关指标说明

本章的研究数据来源于 2015 年对我国环渤海地区山东省、辽宁省、河北省、北京市、天津市等五省市蔬菜种植户的分层抽样调查，通过对 524 份有效调研问卷的数据与本章所需指标进行分析，所有问卷均可作为本章研究的有效样本。本章所需数据主要为蔬菜生产过程中的亩均投入产出指标数据，投入指标主要包括种苗费、机耕费用、运输费用、化肥投入量及费用、商品有机肥投入量及费用、粪肥投入量及费用、地膜及棚膜投入量及费用、农药施用量及费用、水电投入量及费用、雇工数量及费用等指标；产出指标包括蔬菜总产量和蔬菜总产值。投入指标主要用来计算蔬菜生产过程中所产生的碳排放量，其中蔬菜生产过程中柴油的消耗量是根据机耕和运输的总费用及农户购买柴油时的实际价格进行估算的；产出指标主要用来计算蔬菜生产过程中所产生的光合作用碳汇。土地碳强度、碳生态效率、碳生产效率和碳经济效率等碳足迹评价指标均可以通过投入产出指标进行计算。

3.3.2 蔬菜生产系统碳足迹核算

不同地区的经济发展状况不同，农业种植结构不同，蔬菜产业的比较优势也不同，因此蔬菜生产系统的碳足迹也往往不同。根据所得的调查数据，运用公式（3-1）至公式（3-3）可以计算出不同地区蔬菜生产系统每亩种植面积上的碳足迹核算结果，如表3-2所示。

表3-2　不同地区蔬菜生产系统碳足迹核算结果

项目		碳排放						碳汇	
		农膜	农药	化肥	柴油	电力	总碳排放	光合作用碳汇	净碳汇
山东省	绝对量	68.97	17.79	541.38	15.62	136.60	780.35	992.42	212.06
	百分比	8.84	2.28	69.38	2.00	17.50	—	—	—
辽宁省	绝对量	85.27	29.43	999.82	10.68	98.14	1223.34	2103.43	880.09
	百分比	6.97	2.41	81.73	0.87	8.02	—	—	—
河北省	绝对量	62.60	16.83	466.70	11.81	83.79	641.73	1124.93	483.20
	百分比	9.76	2.62	72.73	1.84	13.06	—	—	—
北京市	绝对量	50.14	13.33	196.94	5.10	87.74	353.24	867.54	514.30
	百分比	14.19	3.77	55.75	1.44	24.84	—	—	—
天津市	绝对量	67.08	8.54	246.58	8.12	129.20	459.52	1247.67	788.14
	百分比	14.60	1.86	53.66	1.77	28.12	—	—	—
总体平均	绝对量	66.81	17.18	490.28	10.27	107.09	691.64	1267.20	575.56
	百分比	9.66	2.48	70.89	1.49	15.48	—	—	—

注：表中碳排放及碳汇绝对量的单位是kgce，百分比单位是%。

根据表3-2，从环渤海地区五省市的总体平均看，蔬菜生产系统每亩种植面积上的总碳排放为691.64 kgce，各生产投入品碳排放按从大到小的

顺序排列为化肥、电力、农膜、农药和柴油，分别占总碳排放的 70.89%、
15.48%、9.66%、2.48% 和 1.48%。由此可知，蔬菜生产系统的碳排放
主要来源于化肥，这与陈琳等（2011）的研究结论一致，说明目前蔬菜生
产对化肥的依赖性很强。根据实地调研资料，2015 年环渤海地区五省市每
亩蔬菜种植面积上的化肥施用量平均为 587.94 千克，远远高于其他农作物
的化肥施用量。其次是电力和农膜消耗产生的碳排放，分别占总碳排放的
15.48% 和 9.66%。蔬菜作物的生长对水的需求量很大，因此在蔬菜生产
过程中由灌溉所消耗的电力也是碳排放的重要来源之一。根据实地调研资
料，2015 年环渤海地区五省市蔬菜生产的亩均电力消耗量为 428.36 千瓦
时。另外，随着日光温室大棚在蔬菜生产中的推广和普及，棚膜和地膜等
农膜的使用量也在逐年增加，产生了大量碳排放。从总体上看，化肥、电
力和农膜等农业生产资料投入是导致蔬菜生产碳排放的主要原因，三项合
并贡献总碳排放的 96.03%；农药和柴油消耗产生的碳排放仅占总碳排放
的 3.97%。2015 年环渤海地区五省市每亩蔬菜种植面积上产生的光合作用
碳汇平均为 1267.20 kgce，远大于总碳排放量，因此亩均净碳汇量为
575.56 kgce。

根据表 3 - 2，2015 年环渤海地区不同省市蔬菜生产系统的碳排放分布
结构及碳汇情况，如图 3 - 1 所示。

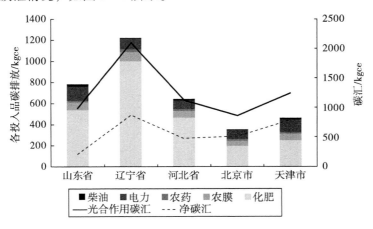

图 3 -1　不同省市蔬菜生产系统碳排放分布结构及碳汇情况

由图3-1并结合表3-2可知，蔬菜生产系统亩均总碳排放在省域之间存在较大差异，按从大到小的顺序排列为辽宁省、山东省、河北省、天津市和北京市，分别为1223.34 kgce、780.35 kgce、641.73 kgce、459.52 kgce和353.24 kgce；亩均总碳排放量最大的辽宁省是最小的北京市的3.46倍，而比位于第二的山东省高56.77%。另外，由各化学投入品所产生的碳排放在省域之间亦存在较大差异，其中以化肥所产生的碳排放省域差异最为明显，与亩均碳排放总量的省域差异相一致；而其余生产投入品所产生的碳排放的省域差异并不明显。碳汇方面，亩均蔬菜种植面积上所形成的光合作用碳汇按从大到小排列为辽宁省、天津市、河北省、山东省和北京市，分别为2101.43 kgce、1247.67 kgce、1124.93 kgce、992.42 kgce和867.54 kgce。可以看出，亩均光合作用碳汇除辽宁省远远高于其他各省市外，其余四省市的省域差异较小。蔬菜生产系统的净碳汇是光合作用碳汇和总碳排放共同作用的结果，不同省市亩均蔬菜种植面积上所产生的净碳汇按从大到小的顺序排列为辽宁省、天津市、北京市、河北省和山东省，分别为880.09 kgce、788.14 kgce、514.30 kgce、483.20 kgce和212.06 kgce。由此可以看出，蔬菜生产系统亩均净碳汇在省域之间呈现出显著的差异性：辽宁省、天津市最高，北京市、河北省次之，山东省最低。

3.3.3 蔬菜生产系统碳足迹评价

根据2015年对环渤海地区五省市蔬菜种植户的调查数据，运用公式（3-4）至公式（3-7）可以计算出各省市蔬菜生产系统的土地碳强度、碳生态效率、碳生产效率和碳经济效率等碳足迹评价指标值，如表3-3所示。

表3-3　环渤海地区五省市蔬菜生产系统碳足迹评价指标值

地区	土地碳强度/ （kgce/m²）	碳生态效率/ （无量纲）	碳生产效率/ （kg/kgce）	碳经济效率/ （元/kgce）
山东省	1.17	1.59	21.25	29.42
辽宁省	1.83	2.54	33.84	44.27
河北省	0.96	2.34	31.14	41.86
北京市	0.53	3.51	46.74	51.44

续表

地区	土地碳强度/ （kgce/m²）	碳生态效率/ （无量纲）	碳生产效率/ （kg/kgce）	碳经济效率/ （元/kgce）
天津市	0.69	3.50	46.64	60.50
五省平均	1.04	2.70	35.92	45.50

　　根据表 3－3，从环渤海地区五省市的平均水平上看，蔬菜生产系统的土地碳强度为 1.04 kgce/m²，说明该地区蔬菜生产系统每年在 1 平方米的种植面积上产生的碳排放平均为 1.04 kgce。碳生态效率为 2.70，说明蔬菜生产系统每产生 1 个单位的碳排放，蔬菜作物通过光合作用所形成的碳汇为 2.70 个单位。碳生态效率大于 1，说明碳排放小于光合作用碳汇，蔬菜生产对生态环境具有正的外部性。碳生产效率为 35.92 kg/kgce，说明蔬菜生产系统每产生 1 kgce 的碳排放能够获得 35.92 kg 的蔬菜产量。碳经济效率为 45.50 元/kgce，说明蔬菜生产系统每产生 1 kgce 的碳排放，能够获得的蔬菜产值为 45.50 元。不同省市蔬菜生产系统的土地碳强度、碳生态效率、碳生产效率和碳经济效率存在较大差异，如图 3－2 所示。

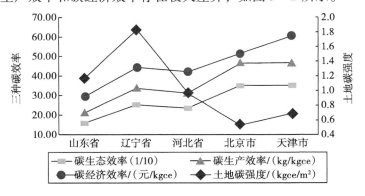

图 3－2　不同省市蔬菜生产系统碳强度及碳效率

　　根据图 3－2，并结合表 3－3 可知，环渤海地区五省市蔬菜生产系统碳生态效率按从大到小的顺序排列为北京市、天津市、辽宁省、河北省和山东省，且在不同省域之间呈现出阶梯形的差异性：北京市、天津市最高，分别为 3.51 和 3.50，位于第三阶梯；辽宁省、河北省次之，分别为 2.54 和 2.34，属于第二阶梯；山东省最低，仅为 1.59，处于第一阶梯。

另外，环渤海地区五省市的蔬菜生产系统的碳生态效率均大于1，这说明蔬菜生产系统对生态环境具有正的外部性。蔬菜生产系统碳生产效率按从大到小的顺序排列为北京市、天津市、辽宁省、河北省和山东省，且在不同省域之间呈现出阶梯形的差异性：北京市、天津市最高，分别为46.74kg/kgce和46.64kg/kgce，位于第三阶梯；辽宁省、河北省次之，分别为33.84kg/kgce和31.14kg/kgce，属于第二阶梯；山东省最低，为21.25kg/kgce，处于第一阶梯。由此可以看出，蔬菜生产系统碳生态效率和碳生产效率的省域差异性具有相同的特征。蔬菜生产系统碳经济效率按从大到小的顺序排列为天津市、北京市、辽宁省、河北省和山东省，且在不同省域之间具有比较大的差异性。其中，最高的天津市为60.50元/kgce，其次是北京市，为51.44元/kgce，最低的山东省为29.42元/kgce，天津市蔬菜生产系统碳经济效率相当于山东省的2.06倍。从蔬菜生产系统的土地碳强度看，辽宁省最高，为1.83 kgce/m^2，其次是山东省，为1.17 kgce/m^2；天津市和北京市最低，分别为0.69 kgce/m^{2}和0.53 kgce/m^2，最高的辽宁省是最低的北京市的3.45倍。由此可以看出，辽宁省蔬菜生产系统的碳强度远远高于其他各省市，其蔬菜生产所面临的减排压力最大，且蔬菜生产系统的土地碳强度在不同省域之间呈现出很大的差异性。

根据上述分析，我国环渤海地区蔬菜生产系统，从碳生态效率和碳生产效率看，五省市的优劣排名顺序相同；而从碳经济效率和土地碳强度看，五省市的优劣排名顺序不同。具体而言，五省市蔬菜生产系统碳生态效率和碳生产效率的优劣排名顺序均为北京市、天津市、辽宁省、河北省和山东省；但从碳经济效率上看，天津市却优于北京市。而且，虽然北京市蔬菜生产系统的碳生态效率和碳生产效率均略优于天津，但其碳生产效率却远劣于天津，前者比后者低15.98%。另外，从蔬菜生产系统的土地碳强度方面看，五省市的优劣排名顺序是北京市、天津市、河北省、山东省和辽宁省，与碳生态效率、碳生产效率、碳经济效率所得出的省域排名顺序均不相同。因此，本书在各碳足迹评价指标的权重信息未知的情况下运用多目标灰靶决策模型对中国环渤海地区五省市蔬菜生产系统的碳足迹进行综合评价。根据表3-3中各碳足迹评价指标值的数据和多目标灰靶决策模型的计算步骤可以得到各省市在不同碳足迹评价指标值下的综合评价结果，如表 3 - 4 所示。

表 3 - 4　多目标灰靶决策模型计算结果

项目	土地碳强度	碳生态效率	碳生产效率	碳经济效率	靶心距	排序
指标权重	0.2878	0.2419	0.2413	0.2291	—	—
山东省	0.5077	0.0000	0.0000	0.0000	0.8540	5
辽宁省	0.0000	0.4948	0.4939	0.4778	0.6518	4
河北省	0.6692	0.3906	0.3880	0.4003	0.5277	3
北京市	1.0000	1.0000	1.0000	0.7085	0.0668	2
天津市	0.8769	0.9948	0.9961	1.0000	0.0376	1
灰靶靶心	1.0000	1.0000	1.0000	1.0000	—	—

注：表中由第 3 至 7 行和第 2 至 5 列所组成的 5 行 4 列矩阵为不同省份的评价指标值通过灰色权差变换后的标准化一致性指标值矩阵，其中各元素均具有无量纲、相同数量级和越大越好的属性。

　　根据表 3 - 4，由多目标灰靶决策模型所确定的蔬菜生产系统碳足迹各评价指标权重按从大到小的顺序排列为土地碳强度、碳生态效率、碳生产效率和碳经济效率。一方面，土地碳强度评价指标作为蔬菜生产系统碳足迹唯一的碳强度指标，其权重也最大，能够在一定程度上减少碳足迹评价指标体系中碳强度指标和碳效率指标的非均衡性；另一方面，在蔬菜生产系统碳足迹评价的碳效率指标体系中，碳生态效率和碳生产效率的权重均高于碳经济效率，这在一定程度上能够体现蔬菜生产系统的生态功能和社会功能相对于经济功能的重要性。根据不同省份的标准化一致性指标值可知，北京市蔬菜生产系统在土地碳强度、碳生态效率和碳生产效率等指标下均处于最优状态，而天津市蔬菜生产系统在碳经济效率指标下处于最优状态。同时，山东省蔬菜生产系统在碳生态效率、碳生产效率和碳经济效率等指标下均处于最劣状态，辽宁省在土地碳强度指标下处于最劣状态，而河北省在各指标下均处于中间状态。由各指标权重和相应的标准化一致性指标值可以得到不同地区的综合评价值，即靶心距，如表 3 - 4 第 6 列所示，根据多目标灰靶决策模型"靶心矩越小越优"的评价准则可以得到各被评价对象的优劣排序，如表 3 - 4 第 7 列所示。由此可知，我国环渤海地区五省市蔬菜生产系统的碳足迹评价按从优到劣的顺序排列为天津市、北京市、河北省、辽宁省和山东省，且天津市和北京市的碳足迹综合评价值远优于其他三个省份。这说明从蔬菜生产系统的生态功能、社会功能和经济功能的综合效益进行权衡，天津市和北京市远远优于河北省、辽宁省和山东省。

3.4　本章小结

本章在已有理论和实践的基础上，运用生命周期评价法和多目标灰靶决策模型，根据我国环渤海地区五省市2015年的实地调查数据对蔬菜生产系统的碳足迹进行了核算与评价。主要研究结论概括如下：

第一，从总体上看，我国环渤海地区五省市蔬菜生产系统的亩均总碳排放量为691.64 kgce，各生产投入品碳排放按从大到小的顺序排列为化肥、电力、农膜、农药和柴油。其中，化肥投入所产生的碳排放是蔬菜生产系统碳排放最主要的来源，占总碳排放的70.89%，说明目前蔬菜生产对化肥的依赖性仍然很强。其次是电力和农膜消耗产生的碳排放，分别占总碳排放的15.48%和9.66%；这说明在蔬菜生产过程中由灌溉所消耗的电力和棚膜、地膜的使用也是碳排放的重要来源之一。化肥、电力和农膜等农业生产资料投入是导致蔬菜生产碳排放的主要原因，三项合并贡献总碳排放的96.03%；农药和柴油消耗产生的碳排放仅占总碳排放的3.97%。2015年环渤海地区五省市每亩蔬菜种植面积上产生的光合作用碳汇平均为1267.20 kgce，远大于总碳排放，亩均净碳汇量为575.56 kgce。

第二，从省域差异上看，蔬菜生产系统亩均总碳排放在省域之间存在较大差异，按从大到小的顺序排列为辽宁省、山东省、河北省、天津市和北京市；亩均总碳排放量最大的辽宁省是最小的北京市的3.46倍，而比位于第二的山东省高56.77%。碳汇方面，亩均蔬菜种植面积上所形成的光合作用碳汇按从大到小的顺序排列为辽宁省、天津市、河北省、山东省和北京市；亩均光合作用碳汇除辽宁省远远高于其他各省市外，其余四省市的省域差异较小。不同省市亩均蔬菜种植面积上所产生的净碳汇按从大到小的顺序排列为辽宁省、天津市、北京市、河北省和山东省，且在省域之间呈现出阶梯形的差异性：辽宁省、天津市最高，位于第三阶梯；北京市、河北省次之，属于第二阶梯；山东省最低，处于第一阶梯。

第三，我国环渤海地区五省市蔬菜生产系统的平均土地碳强度为 1.04 kgce/m²，但在不同省域之间呈现出很大的差异性：辽宁省最高，其次是山东省，天津市和北京市最低，最高的辽宁省是最低的北京市的 3.45 倍。平均碳生态效率为 2.70，其值大于 1，说明该系统碳排放量小于光合作用碳汇，蔬菜生产对生态环境具有正的外部性。碳生态效率按从大到小的顺序排列为北京市、天津市、辽宁省、河北省和山东省，且在不同省域之间呈现出阶梯形的差异性：北京市、天津市最高，位于第三阶梯；辽宁省、河北省次之，属于第二阶梯；山东省最低，处于第一阶梯。平均碳生产效率为 35.92 kg/kgce，按从大到小的顺序排列为北京市、天津市、辽宁省、河北省和山东省，且在不同省域之间呈现出阶梯形的差异性：北京市、天津市最高，位于第三阶梯；辽宁省、河北省次之，属于第二阶梯；山东省最低，处于第一阶梯。平均碳经济效率为 45.50 元/kgce，按从大到小的顺序排列为天津市、北京市、辽宁省、河北省和山东省，且在不同省域之间具有比较大的差异性；最高的天津市相当于山东省的 2.06 倍。

第四，从碳生态效率和碳生产效率对蔬菜生产系统的碳足迹进行评价，我国环渤海地区五省市的优劣排名顺序相同；但从碳经济效率和土地碳强度对蔬菜生产系统的碳足迹进行评价，五省市的优劣排名顺序不同。从运用多目标灰靶决策模型对我国环渤海地区蔬菜生产系统的碳足迹进行综合评价的结果看，五省市蔬菜生产系统的碳足迹评价按从优到劣的顺序排列为天津市、北京市、河北省、辽宁省和山东省，且天津市和北京市的碳足迹综合评价值远高于其他三个省份。这说明从蔬菜生产系统的生态功能、社会功能和经济功能的综合效益进行权衡，天津市和北京市远远优于河北省、辽宁省和山东省。

基于以上研究结论，本章提出了推进蔬菜生产低碳化发展的几点建议：

第一，发展低碳蔬菜生产的关键是合理控制化肥的施用量，积极推广和全面普及测土配方施肥技术在蔬菜生产中的应用，有效提高化肥的利用效率，减少由化肥过量施用所产生的碳排放。

第二，完善农业生态环境补偿机制，促进蔬菜生产系统碳汇功能的生态环境效益发挥作用；尽快建立全国统一的碳排放交易市场，通过市场机制对碳排放权和碳汇资源进行重新配置，以缩小蔬菜生产系统碳排放和碳汇在省域之间的差异。

第三，对蔬菜生产系统的碳排放进行合理规制，同时力争提高蔬菜产量，稳定蔬菜价格，从而有效降低蔬菜生产系统的土地碳排放强度，增加蔬菜生产的碳生态效率、碳生产效率和碳经济效率。各省市在制定相关的低碳蔬菜生产政策时应重点关注具有相对劣势的碳足迹评价指标，力争消除劣势保持优势，从而全面推进本省域蔬菜生产的低碳化发展。

第四，低碳蔬菜生产的整体规划应充分考虑到不同省市蔬菜生产系统碳足迹综合评价值所存在的差异，给予综合评价值高的省市更多的扶持政策，优先支持具有碳足迹综合评价优势的省市的蔬菜产业发展。

第4章 蔬菜生产低碳化的边际效应分析

蔬菜生产的低碳化是蔬菜产业可持续发展所要经历的一个必然环节。然而，如果农业低碳化成为一个新的政策目标，那么农业低碳化目标的实现对农业总产出将会有何种程度的影响？也即农业低碳化的减排成本到底有多大？这是发展低碳农业首先需要考虑的重大问题之一，它不仅关乎政府宏观政策的制定，而且关乎广大农民从事农业生产的切身利益。蔬菜是农业的重要组成部分，现已成为产量第一、种植面积第二的重要农作物。尤其是随着日光温室等现代农业设施的推广及应用，蔬菜生产的集约化程度得到了突飞猛进的提升。但蔬菜生产的集约化也伴随着化肥、农药、农膜、柴油和电力的密集投入，在极大地提高蔬菜产出和缓解蔬菜供给季节性与地区性矛盾的同时也给食品安全和生态环境造成了巨大的压力。因此，蔬菜生产低碳化对实现农业经济增长和生态环境协调发展均具有重要意义；而蔬菜生产低碳化的减排成本则无疑是政府制定减排政策和菜农采取减排措施所要考虑的重大问题，关系着城乡居民蔬菜的稳定供给。鉴于此，本章基于环渤海地区五省市蔬菜种植户的实地调研数据，运用环境方向性距离函数对蔬菜生产低碳化的边际产出效应、边际减排成本和生产环境成本进行全面分析。

4.1 距离函数在环境污染影子价格分析中的应用

对生态环境重要性的认识始于20世纪80年代。随着自然灾害频发和全球气候变暖给人类生存环境带来日益严重的挑战，学术界开始研究把环境变量引入可持续发展理论框架的可能性。环境污染的边际减排成本，也称环境污染的影子价格，能够衡量环境规制下经济主体的边际产出效应，目前已成为生态与环境经济学的重要概念。Pittman（1981；1983）根据美国威斯康星州和密歇根州的 30 个造纸厂的数据，通过估计包含环境污染的超越对数生产函数测算了不同造纸厂环境污染的影子价格，并将其运用到包含期望产出和非期望产出的综合生产率指数的分析中。Färe et al.（1993）首次基于生产技术构建并估计产出距离函数对非期望产出的影子价格进行估计，该方法与估计生产函数相比不仅能够测算非期望产出的影子价格，而且能够描述生产过程中投入和产出的技术结构，并对各生产主体相对于生产前沿面的环境技术效率进行评价。Coggins et al.（1996）运用产出距离函数方法，根据威斯康星热电公司的数据估算出了二氧化硫排放的影子价格，并阐述了通过估计产出距离函数测算环境污染影子价格的有效性，但也指出了没有对估计结果的精度进行检验的不足。

产出距离函数把期望产出和非期望产出看作同比例增减的不加区分的量，然而实践中人们往往要求在增加或者至少不降低期望产出的同时最大比例地减少非期望产出。基于此，Lee et al.（2002）引入方向性产出距离函数并运用数据包络分析（data envelopment analysis，DEA）的非参数化方法对韩国电力工业部门 1990—1995 年的二氧化硫等气体污染的影子价格进行了估计。Hou et al.（2015）亦运用该方法对中国黄土高原地区农业系统实施土壤保护的治理成本问题进行了分析。方向性产出距离函数与产出距离函数相比考虑了在增加期望产出的同时降低非期望产出的有效途径，因此在测算环境污染的影子价格时更为有效。但通过 DEA 方法估计出来的方向性产出距离函数是不可微的，因此运用非参数化的 DEA 方法估计方向性产出距离函数测算环境污染的边际产出效应，其适用性是值得商榷的。鉴于非参数化方法在估计方向性产出距离函数时的局限性，Färe et al.（2005，2006）构建了运用参数化方法估计方向性产出距离函数的分析框架，并运用该方法测算了 1995 年美国实行环境规制前后电力工业部门的二氧化硫排放的影子价格和 1960—1996 年美国农业部门使用杀虫剂等所造成的环境污染的影子价格。基于以往对环境污染影子价格的研究，Färe et al.（2007）系统地比较了考虑环境因素的生产函数、产出距离函数和产出的方向性距离函数在测算环境污染影子价格时的异同，并进一步构建了运用基于产出的环境方向性距离函数测算环境污染影子价格的一般分析框架，最后以美国 1995 年以后的煤电行业为案例说明了该分析方法的有效性。此研究在测算环境污染的影子价格的发展历程中具有里程碑意义，在一定程度上标志着运用环境方向性距离函数测算环境污染影子价格在理论和方法上已基本完善。

随后，环境方向性距离函数法在测算环境污染的影子价格方面得到了广泛运用，逐渐成为国内外学者普遍认可的测算环境污染影子价格的有效方法。涂正革（2009）基于面板数据构建方向性环境生产前沿函数模型，并运用非参数化方法对模型参数进行估计，分析了中国 1998—2005 年各地区工业二氧化硫排放的影子价格。陈诗一（2010）构建环境方向性距离函数，并分别运用参数化方法和非参数化方法对模型参数进行估计，测算了中国工业行业 1980—2008 年二氧化碳排放的影子价格。上述两个研究为运用环境方向性距离函数测算中国环境污染的影子价格奠定了理论基础和提供了一般分析框架，随后国内运用该方法研究环境污染的影子价格的文献大量涌现。如袁鹏等（2011）运用方向性距离函数的参数化方法对 2003—2008 年中国地级市以上城市工业部门的废水、二氧化硫和烟尘等污染物的影子价格进行了测算，并分析了各地区污染物影子价格存在差异的原因。黄文若等（2012）运用环境方向性距离函数，并基于参数化方法估计了中国 29 个省（区、市）1995—2007 年二氧化碳排放的影子价格和绿色生产率。Wei et al.（2013）运用方向性距离函数的参数化方法测算了我国浙江省 2004 年热电工业的二氧化碳排放的影子价格，并对其影响因素进行了实证分析。吴荣贤等（2014）构建方向性距离函数，运用非参数方法测算了 1999—2011 年中国 31 个省（区、市）的低碳农业绩效水平和农业碳排放的影子价格。Zhang et al.（2014）分别运用参数化的方向性距离函数和谢波德距离函数对中国"十一五"期间的省域碳排放的影子价格进行了比较分析。肖新成等（2014）根据三峡生态屏障区重庆段 2000—2012 年的面板数据，运用参数化的方向性距离函数测算了该区域样本期内农业面源污染的排放效率及影子价格，并结合面板数据随机效应 Tobit 模型对其影响因素进行了实证分析。

综上所述，国内外关于环境污染影子价格的研究成果大致呈现出如下四个特征：第一，国外对环境污染影子价格的研究起步较早，目前无论是理论基础、分析方法还是实践运用均已日臻完善，而国内关于环境污染影子价格的研究则相对滞后，且主要是借鉴国外先进的研究方法对我国面临的环境问题进行研究。第二，对环境污染影子价格的研究绝大多数集中在工业部门，而对农业部门环境污染的影子价格的研究则没有引起足够的重视。第三，环境污染影子价格的测算方法在经历了估计生产函数、距离函数和方向性距离函数的发展过程后，运用方向性距离函数将环境污染因素纳入经济分析框架的处理方法得到了学术界较为一致的认同。第四，估计方向性距离函数的方法包括参数化方法和非参数化方法，但由于非参数化方法估计出来的方向性距离函数存在不可微的缺陷，因此在估计方向性距离函数测算环境污染的影子价格时运用参数化方法的成果较多，而非参数化方法则较少。基于此，本书拟采用参数化的环境方向性距离函数方法对我国环渤海地区五省市蔬菜生产碳排放的影子价格进行分析。

4.2 蔬菜生产碳排放影子价格的推导

本书基于环境技术构建参数化的环境方向性距离函数，并在此基础上提出了一种新的推导碳排放影子价格的方法。已有文献关于环境污染影子价格的推导方法通常是：首先，假设环境规制条件下环境污染的影子价格是客观存在的，生产者在决策时会考虑环境成本；其次，根据环境方向性距离函数与利润函数之间的对偶性，运用包络定理求出环境污染的影子价格（Färe et al., 2007；陈诗一，2010；袁鹏等，2011；Wei et al., 2013；Zhang et al., 2014）。而本书提出的碳排放的影子价格的推导方法则是：首先，假设农业生产者能够及时对碳排放的边际产出效应作出反应；其次，根据参数化的环境方向性距离函数与碳排放的边际产出效应之间的微分关系直接求得碳排放的影子价格。虽然两种方法最终得出的环境污染影子价格的表达式相同，但与已有文献中的方法相比，本书提出的新方法推导思路更易理解，推导过程也更加简练。

4.2.1　环境技术

农业生产的过程中会排放废气、废水和固体废弃物等环境污染物，这种不受欢迎的副产品我们可以称之为"坏"产品，而正常的产出则可以称之为"好"产品。包括"坏"产品在内的产出与投入之间的技术结构关系称为环境技术（Färe et al.，2005）。环境技术用生产可能性集合可表示为：

$$P(x) = \{(y,b):x\ can\ produce(y,b)\}, x \in R_+^N \qquad (4-1)$$

上式中，$x = (x_1,x_2,\cdots,x_n) \in R_+^N$ 表示投入要素，$y = (y_1,y_2,\cdots,y_M) \in R_+^M$ 表示生产的期望产出，$b = (b_1,b_2,\cdots,b_L) \in R_+^L$ 表示非期望产出。环境技术 $P(x)$ 描述的是在一定的生产技术条件下，所有可行的投入和产出之间的关系。环境技术是衡量环境技术效率的基础，实质上给出了环境产出的可能性边界，即给定要素投入条件下最大期望产出和最小非期望产出的可能性集。根据 Färe et al.（2005）的研究，在考虑环境因素的投入产出理论中污染物排放生产的可行性集合是一个凸的、有界的闭集，且 $P(0) = (0,0)$，即投入为零时期望产出和非期望产出也均为零。因此，环境技术具有如下特性：第一，投入的强可处置性。若 $x' \geq x$，则 $P(x) \subseteq P(x')$，即若投入增加，那么相应的产出至少不会减少。第二，期望产出和非期望产出的联合弱可处置性。若 $(y,b) \in P(x)$，且 $0 \leq \theta \leq 1$，则 $(\theta y,\theta b) \in P(x)$，即同比减少期望产出和非期望产出在技术上是可行的。该特性说明，为了使新的产出集是可行的，在边际上减少非期望产出的同时也必须减少期望产出，也即减少非期望产出是有成本的。第三，期望产出的强可处置性。若 $(y,b) \in P(x)$，则对于任意的 $y' \leq y$，有 $(y',b) \in P(x)$，即在投入和污染规模不变的条件下期望产出可多可少。该特性反映了环境管制约束下的技术效率的高低。第四，期望产出和非期望产出的零点关联性。若 $(y,b) \in P(x)$，且 $b = 0$，则 $y = 0$，即在任意的可行产出集内，如果没有非期望产出就得不到期望产出，也就是说非期望产出如同副产品一样，是和期望产出一起被生产出来的。

4.2.2　环境方向性距离函数

环境方向性距离函数是一个连续的实值函数，可以作为环境技术的功能代表。设 $g = (g_y, -g_b)$ 为表征"好"产品和"坏"产品产出变化的方向向量，且假设 $g \neq 0$，则基于产出角度的环境方向性距离函数（environmental directional distance function，EDDF）可定义为：

$$\vec{D}_o(x, y, b; g_y, -g_b) = \max\{\lambda : (y + \lambda g_y, b - \lambda g_b) \in P(x)\} \quad (4-2)$$

环境方向性距离函数将环境污染看作非期望产出，实际上给出了在一定的环境技术条件下，通过设定同等投入条件来追求期望产出增加和非期望产出减少的最大可能性。$\vec{D}_o(x, y, b; g_y, -g_b)$ 表示，对于任意的可行性产出集 $(y, b) \in P(x)$，能够沿着方向向量 $g = (g_y, -g_b)$ 进行移动使得期望产出增加和非期望产出缩减，直到达到当前环境技术的前沿面为止，此时的产出集为 $(y + \lambda^* g_y, b - \lambda^* g_b)$。因此，环境方向性距离函数值 λ^* 能够衡量各生产决策单元相对于前沿环境技术水平的差距，即环境技术非效率的大小。λ^* 越大说明该决策单元好产出继续增加和坏产出继续减少的潜能越大，表示该决策单元的环境技术产出越没有效率；若 λ^* 等于零，则表示该决策单元的环境技术效率已经达到了最高水平，即该决策单元已经处于环境技术的生产前沿面上。根据环境方向性距离函数的定义不难发现 $\lambda^* \geqslant 0$，且对于任意的 $\alpha \leqslant \lambda^*$ 均有下式成立：

$$\vec{D}_o(x, y + \alpha g_y, b - \alpha g_b; g) = \vec{D}_o(x, y, b; g) - \alpha \quad (4-3)$$

上式也称为环境方向性距离函数的转移性。另外，环境方向性距离函数受环境技术 $P(x)$ 的约束，因此它还继承了 $P(x)$ 的特性，则根据 $P(x)$ 的四个特性，环境方向性距离函数还需满足：① 若 $x' \geqslant x$，则 $\vec{D}_o(x', y, b; g) \geqslant \vec{D}_o(x, y, b; g)$；② 若 $\vec{D}_o(x, y, b; g) \geqslant 0$，则对于任意的 $0 \leqslant \theta \leqslant 1$，必有 $\vec{D}_o(x, \theta y, \theta b; g) \geqslant 0$；③ 若 $y' \geqslant y$，则 $\vec{D}_o(x, y', b; g) \leqslant \vec{D}_o(x, y, b; g)$；④ 若 $\vec{D}_o(x, y, b; g) \geqslant 0$，则 $b = 0$ 意味着 $y = 0$。

4.2.3　蔬菜生产碳排放的影子价格

蔬菜生产碳排放的影子价格也即蔬菜生产碳排放的边际减排成本，是指在某一特定的生产技术条件下，蔬菜生产过程中单位碳排放变化所导致的蔬菜产出变化的价值形式，可以由蔬菜生产碳排放的边际产出效应与蔬菜价格的乘积表示。根据环境技术期望产出和非期望产出的联合弱可处置性，在生产可能性集合 $P(x)$ 内，减少碳排放的代价是减少期望产出。则根据期望产出和非期望产出的关系，式（4 - 2）两端分别对非期望产出 b 求导可得：

$$\frac{\partial D_o(x_k, y_k, b_k; g_y, - g_b)}{\partial y_k} \cdot \frac{\mathrm{d}y_k}{\mathrm{d}b_k} + \frac{\partial D_o(x_k, y_k, b_k; g_y, - g_b)}{\partial b_k} = 0$$

$$（4 - 4）$$

则根据上式，蔬菜生产碳排放的边际产出效应公式可表述为：

$$\frac{\mathrm{d}y}{\mathrm{d}b} = - \frac{\partial D_o(x, y, b; g_y, - g_b) / \partial b}{\partial D_o(x, y, b; g_y, - g_b) / \partial y} \tag{4 - 5}$$

根据蔬菜生产碳排放的影子价格的定义，并结合式（4 - 5）可得：

$$SP_b = \frac{\mathrm{d}y}{\mathrm{d}b} \cdot P_y = - \frac{\partial D_o(x, y, b; g_y, - g_b) / \partial b}{\partial D_o(x, y, b; g_y, - g_b) / \partial y} \cdot P_y \tag{4 - 6}$$

其中，SP_b 表示蔬菜生产碳排放的影子价格，P_y 表示蔬菜价格。

参数化的环境方向性距离函数具有良好的微分性质，因此便于通过全微分方程求解环境污染的影子价格。但由于环境方向性距离函数的参数化形式并不是固定的，因此如何正确设定环境方向性距离函数参数化形式也尤为关键。超越对数函数和二次函数是最为常见的柔性函数。超越对数生产函数是任意函数形式很好的二阶近似，经常被用于其他产出距离函数的参数化，但却由于不满足转移性而不适用于环境方向性距离函数的参数化。二次函数也是对不确定函数的二阶近似，且能够很好地满足环境方向性距离函数的诸多特性，是目前运用最为广泛的环境方向性距离函数形式。

为了节约参数，设方向向量 $g = (g_y, - g_b) = (1, -1)$。这样设定以后的环境方向性距离函数表示，在投入给定的条件下，期望产出和非期望产出沿着单位方向向量以相同的比例进行增加和缩减，直到到达环境技术的生产前沿面。假设在蔬菜生产中仅有一种期望产出蔬菜和一种非期望产出碳排放，则第 k（$k = 1, 2, \cdots, K$）个蔬菜生产决策单元的参数化环境方向性距离函数可构建为：

$$D_o(x_k, y_k, b_k; 1, -1) = \alpha_0 + \sum_{n=1}^{N} \alpha_n x_{kn} + \beta_1 y_k + \gamma_1 b_k + \frac{1}{2} \sum_{n=1}^{N} \sum_{n'=1}^{N} \alpha_{nn'} x_{kn} x_{kn'} +$$

$$\frac{1}{2}\beta_2(y_k)^2 + \frac{1}{2}\gamma_2(b_k)^2 + \sum_{n=1}^{N}\nu_n x_{kn} b_k + \mu y_k b_k + \sum_{n=1}^{N}\delta_n x_{kn} y_k \quad (4-7)$$

为了使各蔬菜生产决策单元尽可能得到有效的参数估计量，可以通过所有蔬菜生产决策单元与生产前沿面（环境方向性距离函数值为零）的偏差之和最小化来对式（4-7）进行参数估计，该最优化问题表述如下：

$$\min \sum_{k=1}^{K}\left[D_o(x_k, y_k, b_k; 1, -1) - 0\right] \quad (4-8)$$

$$\text{s. t.} \begin{cases} D_o(x_k, y_k, b_k; 1, -1) \geq 0 & (4-8a) \\ \partial D_o(x_k, y_k, b_{kk}; 1, -1)/\partial b_k \geq 0 & (4-8b) \\ \partial D_o(x_k, y_k, b_{kk}; 1, -1)/\partial y_k < 0 & (4-8c) \\ \beta_1 - \gamma_1 = -1, \beta_2 = \gamma_2 = \mu, \delta_n - \nu_n = 0 & (4-8d) \\ \alpha_{nn'} = \alpha_{n'n} & (4-8e) \\ t = 1, 2, \cdots, T; k = 1, 2, \cdots, K; n = 1, 2, \cdots, N \end{cases}$$

约束条件（4-8a）确保所有蔬菜生产决策单元均落在环境技术前沿面内或面上，即要求各决策单元在各时期的投入产出向量在当前环境技术条件下都是可行的；约束条件（4-8b）和（4-8c）则来源于环境方向性距离函数的特性②和③，表示环境污染具有负的边际产出效应，且保证了由式（4-6）所决定的环境污染的影子价格是非负的；约束条件（4-8d）对产出变量施加了一阶齐次性假定，用于满足环境方向性距离函数的转移性；约束条件（4-8e）则赋予了环境方向性距离函数的二次函数形式的对称性，用于满足投入变量之间，以及产出变量之间的对称性要求。通过求解上述最优化问题可以得出式（4-7）中的所有参数，并进而计算出每个蔬菜生产决策单元的环境方向性距离函数值和碳排放的影子价格。

4.3 蔬菜生产碳排放边际效应的实证分析

4.3.1 数据来源及统计描述

本章的基础数据来源于 2015 年对环渤海地区山东省、辽宁省、河北省、北京市、天津市等五省市蔬菜种植户的分层随机抽样调查。为降低受访农户理解偏差对答卷质量的影响，实地调研中采取一对一访谈的方式进

行，并由经过岗前培训的调研员当场填写问卷，共获得有效调研问卷 524
份。蔬菜生产的相关投入指标包括土地、劳动、物质与服务费用，产出指
标包括蔬菜和碳排放，其中蔬菜为期望产出，而碳排放为非期望产出。为
了节约参数，使模型运算更为简单，本章所涉及的蔬菜生产的相关投入和
产出指标均以土地投入为基础进行处理，转换成了亩均投入产出指标值。蔬
菜生产系统碳排放的计算公式及相关参数具体参见公式（3-1）和表 3-1。
则各投入产出指标的描述统计如表 4-1 所示。

表 4-1　各投入产出指标的描述统计

项目	指标	平均值	标准差	最小值	最大值
不变投入	土地/亩	1	0	1	1
可变投入 x_1	劳动/人工	175.58	194.18	38.10	1280
可变投入 x_2	物质与服务/元	6991.30	5092.43	260.11	41800
期望产出 y	蔬菜/kg	9022.45	7613.07	312.50	75000
非期望产出 b	碳排放/kgce	757.95	737.04	133.30	5666

由表 4-1 可知，2015 年环渤海地区五省市蔬菜生产的亩均劳动投入
为 175.58 个人工，标准差为 194.18，亩均物质与服务费用投入为 6991.30
元，亩均蔬菜产出为 9022.45 千克，亩均碳排放为 757.95kgce，且各投入
产出指标在不同蔬菜种植户之间存在明显差异。

4.3.2　参数估计与分析

如果投入产出指标值的数量级较大，则会使式（4-8）所示的最优化
模型难以收敛，因此，本研究参考 Färe et al. （2005）的数据处理方法，
在参数估计时将所有投入产出变量均除以其对应的平均值以完成对原始数
据的标准化，在计算蔬菜生产碳排放的边际产出效应时再进行逆运算将其
还原即可。则运用标准化的数据对如式（4-8）所示的最优化问题求解可
以得到模型（4-7）的所有参数估计结果，如表 4-2 所示。

表 4 – 2　环境方向性距离函数的参数估计结果

参数	变量	估计值
α_0	Constant	– 0.0211
α_1	x_1	0.0090
α_2	x_2	0.2180
β_1	y	– 0.1052
γ_1	b	0.8948
α_{11}	$0.5x_1 \cdot x_1$	– 0.0483
$\alpha_{12} = \alpha_{21}$	$0.5x_1 \cdot x_2, 0.5x_2 \cdot x_1$	0.0523
α_{22}	$0.5x_2 \cdot x_2$	0.3355
$\beta_2 = \gamma_2 = \mu$	$0.5y \cdot y, 0.5b \cdot b, yb$	0.0060
$\nu_1 = \delta_1$	$x_1 b, x_1 y$	0.0126
$\nu_2 = \delta_2$	$x_2 b, x_2 y$	– 0.0270

则根据表 4 – 2 中的参数估计值，运用公式（4 – 5）至（4 – 7）可分别计算出我国环渤海地区各省市蔬菜生产碳排放的边际产出效应、影子价格及环境方向性距离函数值，如表 4 – 3 所示。

表 4 – 3　蔬菜生产碳排放的边际产出效应、影子价格及环境方向性距离函数值

项目	边际产出效应/ （kg/kgce）	影子价格/ （元/kgce）	环境方向性距离函数值 （无量纲）
山东省	2.45	7.86	0.7443
辽宁省	2.78	7.64	0.9969
河北省	1.69	5.41	0.6730
北京市	1.57	3.58	0.3683
天津市	1.64	5.20	0.4738
各省市平均	2.03	5.94	0.6513

由表 4 – 3 可知，2015 年我国环渤海地区五省市蔬菜生产碳排放的边际产出效应平均为 2.03 kg/kgce，说明该地区蔬菜生产每减少 1 kgce 的碳排放将会减少蔬菜产出 2.03 千克；各省市蔬菜生产碳排放的边际产出效应按从大到小的顺序排列为辽宁省、山东省、河北省、天津市和北京市，其中辽宁省和山东省的蔬菜生产碳排放的边际产出效应明显高于河北省、天

津市和北京市三省市，说明辽宁省和山东省蔬菜生产低碳化对蔬菜产出的影响明显大于京津冀地区。从蔬菜生产碳排放的影子价格看，2015 年环渤海地区五省市平均为 5.94 元/kgce，表明该地区蔬菜种植户每减少 1 kgce 的碳排放，蔬菜收入将会减少 5.94 元；各省市蔬菜生产碳排放的影子价格按从大到小的顺序排列为山东省、辽宁省、河北省、天津市和北京市，其中山东省和辽宁省蔬菜生产碳排放的影子价格远高于河北省、天津市和北京市，说明辽宁省和山东省蔬菜生产低碳化的边际减排成本远高于京津冀地区。最后，从环境方向性距离函数值看，2015 年环渤海地区五省市平均为 0.6513，各省市蔬菜生产碳排放的环境方向性距离函数值按从大到小的顺序排列为辽宁省、山东省、河北省、天津市和北京市，且在各省域之间存在明显的差异性。蔬菜生产碳排放方向性距离函数值最大的是辽宁省，为 0.9969，最小的是北京市，仅为 0.3683，前者是后者的 2.71 倍。环境方向性距离函数值是衡量环境技术非效率大小的指标，其值越大说明该省市蔬菜生产低碳化的技术水平距离技术前沿面越远，因而其低碳技术效率也越低；环境方向性距离函数值越接近于 0，说明该省市蔬菜生产低碳化的技术水平距离技术前沿面越近，从而其低碳技术效率也越高。由此可知，环渤海地区蔬菜生产低碳化的技术效率北京市、天津市最高，河北省、山东省次之，而辽宁省最低，且在三个不同层次之间呈现出明显的阶梯形差异。

参考吴荣贤等（2014）的研究，根据碳排放的影子价格和环境方向性距离函数值分别与各省平均值的关系可以将各地区划分为"高成本高效率""高成本低效率""低成本高效率"和"低成本低效率"四类。则基于三年平均的碳排放影子价格和环境方向性距离函数值的省域分类结果，如图 4-1 所示。

由图 4-1 可知，北京市和天津市属于"低成本高效率"地区，说明北京市和天津市边际减排成本较低而环境技术效率较高。一方面，北京市和天津市的蔬菜生产受超大型城市居民对蔬菜消费巨大需求的影响，多年来蔬菜产出一直存在着数量上的惯性扩张，适度减少蔬菜生产要素的投入以减少碳排放并不会对蔬菜产出产生比较大的影响；另一方面，北京市和

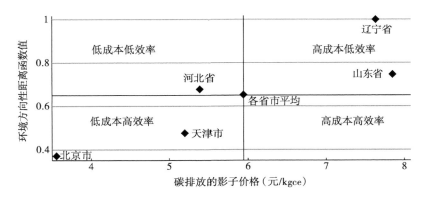

图4—1　基于碳排放影子价格和环境方向性距离函数值的省域分类结果

天津市位于我国经济最为发达的地区，蔬菜生产的环境技术已经达到了较高水平，再想通过提高环境技术水平来进行减排的难度非常大。因此，北京市和天津市通过减少蔬菜生产资料的投入进行减排是明智之举。河北省属于"低成本低效率"地区，说明河北省的边际减排成本和环境技术效率均较低。一方面，河北省离北京市和天津市等大都市较近，巨大的蔬菜需求市场使其在地缘上具有得天独厚的优势，近年来其蔬菜生产亦存在数量上的快速扩张，为了追求蔬菜产出菜农倾向于加大生产资料的投入；另一方面，河北省是环渤海地区经济较不发达的地区，也是京津冀地区中经济相对落后的地区，其蔬菜生产的环境技术水平也与北京市和天津市有很大差距，通过京津冀地区的技术交流和合作河北省蔬菜生产的环境技术效率还有很大的提升空间。因此，河北省既可以通过减少蔬菜生产资料投入大量削减碳排放，也可以通过提高蔬菜生产的环境技术水平来实现减排，是环渤海地区蔬菜生产低碳化过程中减排潜力最强的省份。辽宁省和山东省属于"高成本低效率"地区，说明辽宁省和山东省的边际减排成本较高而环境技术效率较低。辽宁省和山东省均是我国蔬菜主产省，尤其是在环渤海地区蔬菜生产中的地位举足轻重，对京津冀地区的蔬菜供给具有重要影响。但长期以来辽宁省和山东省的蔬菜生产过度追求产量，高投入高产出的蔬菜生产模式使其面临较高的边际减排成本。另外，辽宁省和山东省地处环渤海地区的远端，与京津冀地区相比其对蔬菜生产的生态环境问题不够重视，进而导致其蔬菜生产的环境技术水平较低。因此，辽宁省和山东省通过减少蔬菜生产的要素投入减少碳排放的成本较大，而通过提高蔬菜生产的环境技术水平、缩小与北京市和天津市技术水平的差距来实现减排目标更为可取。"高成本高效率"说明该地区边际减排成本和环境技术效率均较高：一方面，碳排放的边际减排成本较高意味着减排对蔬菜经济产出的负面影响较大；另一方面，在环境技术效率已经较高的情况下也很难再通过提高蔬菜生产的环境技术水平来增加减排，因此该类型地区也是减排难度最大的地区。但环渤海地区五省市均不属于这一类型。

4.3.3　蔬菜生产碳排放的环境成本分析

环境污染的影子价格是环境成本核算的基石。由于环境污染排放权交易市场缺失或不完善，环境污染的市场价格一般不能够被直接观察到。而碳排放的影子价格作为碳排放的边际减排成本，则可以应用到环境成本的核算中。蔬菜生产碳排放的环境成本可以表示为蔬菜生产产生的碳排放与其影子价格的乘积，而蔬菜总产值剔除相应的环境成本以后的净产值则称为蔬菜生产的绿色产值（Färe et al.，2006）。根据上述分析，2015 年我国环渤海地区各省市蔬菜生产的亩均绿色产值、环境成本及环境成本占总产值的比重如图 4 - 2 所示。

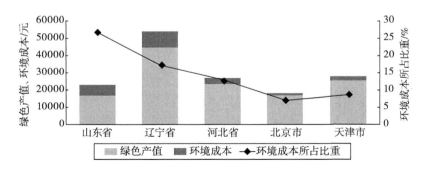

图 4 - 2　绿色产值、环境成本及环境成本所占比重

由图 4 - 2 可知，2015 年我国环渤海地区蔬菜生产碳排放的环境成本按从高到低的顺序排列为辽宁省、山东省、河北省、天津市和北京市，分别为 9146.32 元/亩、6133.55 元/亩、3471.76 元/亩、2389.50 元/亩和 1264.60 元/亩，分别占到各自蔬菜生产总产值的 17.26%、26.72%、

12.92%、8.60% 和 6.96%。环境成本最高的辽宁省比最低的北京市高 49.12%，且在省域之间呈现出显著的差异性。蔬菜生产总产值剔除环境成本以后的亩均绿色产值按从大到小的顺序排列为辽宁省、天津市、河北省、北京市和山东省，分别为 44810.94 元/亩、25411.46 元/亩、23391.06 元/亩、16906.07 元/亩和 16824.35 元/亩，最高的辽宁省是最低的山东省的 2.66 倍①。总体上看，2015 年我国环渤海地区各省市蔬菜生产碳排放的平均环境成本为 4521.15 元/亩，占总产值的比重平均为 14.49%。剔除环境成本后，各省市蔬菜生产的平均绿色产值为 25468.77 元/亩。

4.4 本章小结

蔬菜生产低碳化的效应问题是政府制定减排政策和菜农采取减排措施所要考虑的重大问题，它不仅关乎我国蔬菜产业的低碳化发展，而且关乎广大农户从事蔬菜生产的切身利益。蔬菜生产碳排放的边际产出效应及影子价格是衡量蔬菜生产低碳化效应的关键指标，对实现蔬菜产业的绿色可持续发展具有重要意义。本章构建了参数化的二次型环境方向性距离函数，并运用最优化模型算法对函数参数进行估计，进而根据环境方向性距离函数与碳排放边际产出效应的关系提出了一种新的推导碳排放影子价格的方法。然后，根据所建分析框架对我国环渤海地区五省市蔬菜生产低碳化的边际产出效应、影子价格、环境技术效率、环境成本及绿色产值进行了测算及分析。主要研究结论概括如下：

第一，2015 年我国环渤海地区五省市蔬菜生产碳排放的边际产出效应平均为 2.03 kg/kgce，各省市按从大到小的顺序排列为辽宁省、山东省、河北省、天津市和北京市，其中辽宁省和山东省的蔬菜生产碳排放的边际产出效应明显高于其他省市，说明辽宁省和山东省蔬菜生产低碳化对蔬菜

---

① 蔬菜生产受温度等气候条件影响较大，辽宁省的绿色产值、环境成本较高，这可能与东北的气候条件相关。北方冬季蔬菜生产多利用日光温室，生产周期较长，一般为一年一大茬，且以高产的果类蔬菜为主。但辽宁严冬时节气温较低，为保障蔬菜的正常生产，一般需要燃煤加温，产生了较多的二氧化碳排放。

产出的影响明显大于京津冀地区。各省市蔬菜生产碳排放的影子价格平均为 5.94 元/kgce，按从大到小的顺序排列为山东省、辽宁省、河北省、天津市和北京市，其中山东省和辽宁省蔬菜生产碳排放的影子价格远高于其余三省市，说明辽宁省和山东省蔬菜生产低碳化的边际减排成本远高于京津冀地区。蔬菜生产低碳化的技术效率北京市、天津市最高，河北省、山东省次之，而辽宁省最低，且在三个不同层次之间呈现出明显的阶梯形差异性。

第二，综合考虑蔬菜生产碳排放的影子价格和环境技术效率来看，北京市和天津市属于"低成本高效率"地区，说明该地区边际减排成本较低而环境技术效率较高；河北省属于"低成本低效率"地区，说明该地区边际减排成本和环境技术效率均较低；辽宁省和山东省属于"高成本低效率"地区，说明该地区边际减排成本较高而环境技术效率较低。"高成本高效率"说明该地区边际减排成本和环境技术效率均较高，但环渤海地区五省市均不属于这一类型。

第三，2015 年我国环渤海地区蔬菜生产碳排放的环境成本按从高到低的顺序排列为辽宁省、山东省、河北省、天津市和北京市，分别为9146.32 元/亩、6133.55 元/亩、3471.76 元/亩、2389.50 元/亩和1264.60元/亩，分别占到各自蔬菜生产总产值的 17.26%、26.72%、12.92%、8.60% 和 6.96%。蔬菜生产绿色产值按从大到小的顺序排列为辽宁省、天津市、河北省、北京市和山东省，分别为 44810.94 元/亩、25411.46 元/亩、23391.06 元/亩、16906.07 元/亩和 16824.35 元/亩。总体上看，环渤海地区蔬菜生产碳排放的平均环境成本为 4521.15 元/亩，占总产值的比重平均为 14.49%。剔除环境成本后，各省市蔬菜生产的平均绿色产值为25468.77 元/亩。

根据上述研究结论，本章提出了推进我国环渤海地区蔬菜生产低碳化发展的几点对策建议，具体总结如下：

第一，规范蔬菜产业的低碳化生产标准，协调各省市蔬菜生产的低碳化发展，缩小区域间碳排放影子价格和碳排放效率的显著差异。蔬菜生产碳排放影子价格较大的省份可以通过提高农业生产要素的使用效率减少碳排放的边际减排成本，而碳排放效率较低的省份则可以通过与碳排放效率较高的省份进行技术交流和学习来提高自身的碳排放绩效。

第二，政府促进不同类型的地区根据其资源禀赋条件来发展低碳蔬菜产业。"低成本高效率"的地区可以考虑牺牲一定的经济产出，通过减少蔬菜生产资料的投入量减少碳排放；"高成本低效率"的地区则可以通过与环境技术效率较高的省份进行技术交流和学习来提高自身的环境技术水平，进而提高蔬菜生产的环境技术效率来实现减排目标；而"低成本低效率"的地区减排潜力很大，可以同时通过减少蔬菜生产资料投入和提高环境技术水平激发其巨大的减排能力。

第三，充分考虑蔬菜生产过程中所产生的碳排放给社会带来的环境成本，相关部门应将其纳入蔬菜产业经济价值的核算中，大力倡导蔬菜生产的绿色产值，积极推进蔬菜生产的低碳化发展进程，制定相关优惠政策鼓励我国蔬菜产业朝着绿色、低碳的方向发展。

第5章　蔬菜生产低碳化的驱动因素分析

　　明晰蔬菜生产低碳化的驱动因素是有效实施蔬菜生产低碳化发展的前提，也是政府制定促进低碳蔬菜生产相关政策措施的基础。只有摸清了影响蔬菜生产低碳化的关键因素及其对蔬菜生产低碳化的作用机理，才能对蔬菜生产低碳化发展路径进行有的放矢的探索。根据低碳经济理论，一个国家或地区经济发展的低碳化一般会先后经历单位国内生产总值（GDP）碳排放的长期缓慢下降、人均碳排放的短期快速下降和碳排放总量的持续下降并最终趋于稳定三个阶段（周宏春，2012）。考虑到人均碳排放的变化只是社会经济低碳化发展过程中的一个短暂的过渡性阶段，甚至部分发达国家并没有经历这一阶段就直接进入了碳排放总量持续下降的阶段，本章仅针对单位蔬菜产出所产生的碳排放量和蔬菜生产碳排放总量对我国环渤海地区的蔬菜生产低碳化进行分析。将蔬菜生产低碳化简化看作一个逐渐提高蔬菜碳生产率①和减少蔬菜生产碳排放绝对量的过程，则蔬菜生产低碳化的驱动因素既包括影响蔬菜生产碳排放的相关因素，也包括影响蔬菜碳生产率的相关因素。由于蔬菜碳生产率与蔬菜生产碳排放存在概念上的直接联系，因此两者在一定程度上会受到共同影响因素的影响，且各影响因素之间常常是相互关联的。鉴于此，本章在对蔬菜生产低碳化的驱动因素进行理论分析的基础上，运用联立方程组模型的似不相关回归方法（SUR）对蔬菜生产低碳化的驱动因素进行实证分析，以期对影响蔬菜生

---

　　①　蔬菜碳生产率是指单位碳排放所能得到的蔬菜产出，而获得单位蔬菜产出所需要产生的碳排放量则被称为蔬菜生产碳强度，两者可以看作具有不同极性的同一指标，本书在第3章中对此已有说明。为保持本书所用指标前后一致，本章采用蔬菜碳生产率进行表述。

产低碳化的关键因素进行定位，为后续章节的研究奠定基础。

5.1 技术选择与制度安排在低碳产业发展中的作用

低碳经济理论认为，一国或一个地区相关产业低碳化发展的主要驱动因素是技术进步和经济增长（周宏春，2012），而西蒙·史密斯·库兹涅茨把技术进步和制度变迁视为经济增长的两个关键因素（Kuznets S.，1980）。由此可知，经济增长和产业低碳化发展的根本动力归根结底均是来源于技术进步和制度变迁。这与低碳经济依靠技术选择和制度安排实现经济的可持续发展的核心理念是一致的。另外，资源禀赋条件是一切产业经济发展的基础，而技术选择和制度安排也均要受资源禀赋条件的制约，同时也对它们产生影响。在蔬菜产业的低碳化发展过程中，技术选择尤其是适用性低碳生产技术的推广及应用，在很大程度上能够改变农业生产资料中化肥、农药等化学品的投入，继而减少蔬菜生产过程中所产生的碳排放。制度安排，如蔬菜生产的各种补贴政策也在一定程度上直接或间接地改变着农业生产要素的投入结构和投入数量。而农业生产要素的投入结构和投入数量正是影响蔬菜产业生产碳排放和蔬菜产出水平的直接原因。在资源禀赋条件既定的情况下，技术选择与制度安排和产业发展的关系，如图 5－1 所示。

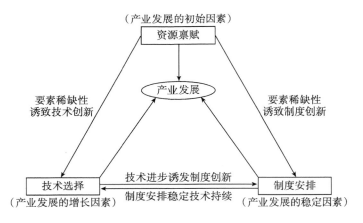

图 5－1 技术选择、制度安排与产业发展的关系

由图 5 - 1 可知，资源禀赋是产业发展的初始因素。一国或一个地区相关产业的发展必然会受到资源禀赋的约束，要想突破这些约束就必然依靠技术创新和制度变迁使资源得到更加充分合理的利用和配置。一方面，新技术的经济可行性因资源禀赋条件的不同而具有差异，因此不同的资源禀赋条件会使得生产者作出不同的技术选择。而当一种资源变得越来越稀缺，进而诱使生产者去寻求节约该稀缺资源的生产技术时，相关技术的研发者就会被诱导进行技术创新，即要素稀缺性诱致技术创新。另一方面，一定的资源禀赋条件需要一定的制度安排与之相适应，资源的稀缺性导致了产权和配置制度的产生，并随着资源稀缺性程度的变化而变化，即要素稀缺性诱致制度变迁。技术选择是产业发展的主要增长因素，而制度安排则是产业发展的主要稳定因素。技术进步减轻了资源禀赋对产业发展的制约。然而，要实现产业的现代化还需要相应的制度安排，否则技术推动对于产业发展的作用不会持久。事实上，技术选择和制度安排本身也是相辅相成、相互影响的。经济史学家道格拉斯·诺斯认为技术选择会使一个经济中某些原来有效的制度不再是最有效的，这样新的制度安排就会产生，即技术诱发性制度创新。反过来，新的更有效的制度安排又能使这种技术进步对产业经济效益的提高稳定而持久（North D. ，1987）。

5.2 蔬菜生产低碳化的驱动因素及其作用机理分析

蔬菜种植户是蔬菜产业发展的微观主体，根据技术选择、制度安排与产业发展关系的一般分析框架，我们可以基于农户的微观视角，从资源禀赋、技术选择和补贴政策等方面对蔬菜生产低碳化发展的驱动因素进行分析。资源禀赋条件是蔬菜生产发展的基础和初始因素，不仅对蔬菜生产要素投入和蔬菜产出具有直接影响，而且通过资源稀缺性诱致技术创新可以对蔬菜生产投入产生间接的影响。技术选择可以使原有生产要素的投入结构和投入量得到调整，进而会对蔬菜产出产生影响；另外，农业碳排放直接来源于农业生产要素的投入（黄祖辉等，2011），因此蔬菜生产投入结构和数量的变化必然也会对蔬菜生产碳排放产生影响，进而对蔬菜碳生产率产生影响，并最终影响到蔬菜生产低碳化的进程。而蔬菜生产的相关政府补贴政策不但对蔬菜生产投入具有直接影响，而且通过对技术选择的稳定作用可以对蔬菜生产投入产生间接的影响。根据以上分析，蔬菜生产低碳化的驱动因素作用机理可由图 5 - 2 表示。

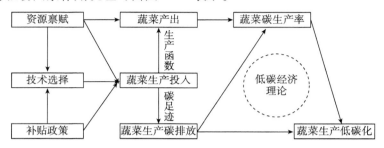

图 5 - 2　蔬菜生产低碳化的驱动因素作用机理

如图 5 - 2 所示，资源禀赋、技术选择和补贴政策是通过对蔬菜生产投入和蔬菜产出的直接影响而间接影响到蔬菜生产碳排放和蔬菜碳生产率，并进而影响到蔬菜生产低碳化发展的。根据上述分析，相关驱动因素对蔬菜碳生产率的影响是通过对蔬菜产出和蔬菜生产碳排放的双重作用决定的。资源禀赋一般对蔬菜产出具有正向影响，但其对蔬菜生产投入继而对蔬菜生产碳排放的影响方向却是不确定的。生产技术的选择对蔬菜产出的影响一般是正向的，但其对蔬菜生产碳排放的影响方向还具有不确定性。滴灌、测土配方施肥和病虫害综合防治等节水、节肥、节药技术能够减少蔬菜生产碳排放，而地膜覆盖、穴盘育苗和二氧化碳吊袋施肥等增产技术虽然对蔬菜产出具有正向作用，但同时也增加了蔬菜生产的碳排放。政府的生产补贴政策具有明确的目的性，如近年来为了减少蔬菜生产过量施用化肥、农药而实施的配方肥、防虫板补贴等，这些补贴能够增加农户对配方肥、防虫板的使用，减少对化肥、农药的施用量，从而减少蔬菜生产碳排放。但这些补贴对蔬菜生产的增产效果如何还有待考证，因此政府的相关补贴政策对蔬菜产出的影响方向还需要根据具体的补贴种类而定。基于此，下文中将根据对蔬菜种植户的实地调研数据对上述理论分析结果进行实证检验。

5.3　蔬菜生产低碳化驱动因素的实证分析

5.3.1　数据与变量

本章实证分析部分的数据来源于 2015 年对环渤海地区山东省、辽宁省、河北省、北京市、天津市等五省市蔬菜种植户的分层抽样调查。为降低受访农户理解偏差对答卷质量的影响，实地调研中采取一对一访谈的方式进行，并由经过岗前培训的调研员当场填写问卷，通过初步整理后共获得有效调研问卷 524 份。

蔬菜生产的资源禀赋条件包括三个方面：一是土地（Land）、劳动（Labor）、资本（Capital）等生产要素禀赋条件；二是家庭总收入（Income）、蔬菜收入比重（RVI）等农户家庭禀赋条件；三是户主性别（Sex）、年龄（Age）、受教育程度（EDU）、生产经验（EXP）等生产者个人禀赋条件。蔬菜生产的技术选择因素（Tech）用农户所采用的蔬菜种植技术的数量表示，调查问卷中涉及的相关蔬菜种植技术包括滴灌、测土配方施肥、防虫板、防虫网、秸秆还田、秸秆生物反应堆、土壤消毒、轮作倒茬、遮阳网、地膜覆盖、穴盘育苗、熊蜂授粉和二氧化碳吊袋施肥等 13 项。蔬菜生产的补贴政策因素（Sub）用农户所获得的蔬菜种植方面的政府补贴项数表示，调查问卷中涉及的相关蔬菜种植补贴包括农机具购置补贴、防虫板购置补贴、保温被购置补贴、配方肥物化补贴、农膜补贴、温室大棚建设补贴、加入蔬菜生产保险补贴等 7 项。

一般而言，当样本量是自变量数目的 20 倍以上时不会出现检验效能不足的问题（林本喜等，2012）。本章实证研究部分的自变量数目是 11 个，有效样本量约是自变量数目的 48 倍。因此，上述实地调研数据能够很好地满足本书进行计量经济研究的需要。表 5 – 1 对各变量进行了含义界定与描述统计。

表5-1 变量的含义界定与描述统计

变量		含义界定	均值	标准差	最小值	最大值
要素禀赋	Land	蔬菜的实际种植面积/平方米	914.3	847.6	200.1	10672.0
	Labor	劳动投入天数乘以人数/人工	188.9	199.8	7.5	1840
	Capital	蔬菜生产的资金投入/元	8152.6	5997.2	690.0	39280.0
家庭禀赋	Income	家庭总收入/万元	7.9	5.7	0.4	49.0
	RVI	蔬菜收入占家庭总收入的比重	0.83	0.24	0.07	1
个人禀赋	Sex	户主的性别	0.9	0.3	0	1
	Age	户主当年的年龄/周岁	49.2	9.2	25	78
	EDU	1 = 未上过学；2 = 小学；3 = 初中；4 = 高中；5 = 大专及以上	2.9	0.7	1	5
	EXP	户主从事蔬菜生产的年限/年	17.0	8.2	2	40
技术选择	Tech	农户采用蔬菜种植技术的数量	5.3	2.4	0	12
制度安排	Sub	农户获得蔬菜生产补贴的数量	1.0	1.3	0	7

注：在计算劳动投入时没有考虑男性劳动力和女性劳动力的差异，而是将成年男性和成年女性均看作完整的劳动力。蔬菜生产的资金投入包括固定资本投入和可变资本投入，但由于蔬菜生产中所产生的碳排放主要来源于可变农业生产要素的投入，因此本书中蔬菜生产的资金投入仅包括可变资本投入。

根据表5-1，环渤海地区五省市蔬菜生产的要素禀赋方面，农户每块菜地或每个大棚（温室）的实际种植面积平均为914.3平方米，约合1.4亩；每块菜地或每个大棚（温室）的劳动投入平均为188.9个人工，资金投入平均为8152.6元。上述解释变量均为蔬菜生产中的基本要素投入变量，蔬菜种植户对这些基本要素投入的差异也比较明显，这在各变量的标准差、最小值和最大值中也都得到了体现。家庭及个人禀赋方面，蔬菜种植户的家庭总收入平均为7.9万元，蔬菜收入占家庭总收入的比重平均为0.83，标准差为0.24，说明蔬菜收入占农户家庭总收入中的比重较大，且比较稳定，这在一定程度上反映了蔬菜种植户的专业化程度较高。男性户主占被调查蔬菜种植户的90%，户主的平均年龄为49.2岁，最大年龄为78岁，这对从事劳动密集型的蔬菜生产来说年龄已经偏大。户主的受教育程度平均值为2.9，标准差为0.7，说明大多数蔬菜种植户农户仅接受过初中或高中教育，受教育水平总体偏低。农户从事蔬菜生产的平均年限为17.0 年，说明大部分农户拥有较为丰富的蔬菜生产经验。在技术选择和制度安排方面，农户采用蔬菜种植技术的数量平均为 5.3 项，标准差为 2.4，说明蔬菜种植户对相关生产技术的采用率较高，且在不同农户之间差异较大；农户获得蔬菜生产补贴的数量平均仅为 1.0 项，且标准差为 1.3，说明蔬菜种植户获得的蔬菜生产补贴的数量较少，且在受访农户之间存在较大差异。

5.3.2　计量模型的设定

蔬菜生产碳排放主要来源于蔬菜生产过程中可变生产要素的投入，因此蔬菜生产碳排放与蔬菜生产投入主要受到相同因素的影响。为了便于分析，本书将蔬菜碳排放看作一种"坏产出"，则蔬菜生产碳排放与相关驱动因素变量之间的关系可表示为对数形式的 Cobb – Douglas 型生产函数，进而得到如下模型 I：

$$\ln TCE = \alpha_0 + \alpha_1 Tech + \alpha_2 Sub + \alpha_3 Sex + \alpha_4 Age + \alpha_5 EDU + \alpha_6 EXP +$$
$$\alpha_7 RVI + \alpha_8 Income + \alpha_9 \ln Land + \alpha_{10} \ln Labor + \mu \qquad (5-1)$$

其中，TCE 为蔬菜生产碳排放总量，计算公式及相关生产投入品的碳排放参数参见第 3 章公式(3 – 1)和表 3 – 1；$\alpha_i(i = 0,1,\cdots,10)$ 为待估参数，μ 为随机误差项，其他变量如前文所述[①]。

蔬菜生产是一个非常复杂的过程，既受到气候、资源等自然条件的限制，又受到技术水平、生产要素投入等人为因素的影响。假设蔬菜生产这样一个物质变换过程，各种农业生产要素投入和蔬菜产出之间也存在规律性的因果关系，则我们不妨运用农业生产函数来描述这种关系。假设农业生产函数也是 Cobb – Douglas 型的，即：

$$Y = \exp\{\beta_0 + \beta_1 Tech + \beta_2 Sub + \beta_3 Sex + \beta_4 Age + \beta_5 EDU + \beta_6 EXP +$$
$$\beta_7 RVI + \beta_8 Income + u\} \cdot Land^{\beta_9} \cdot Labor^{\beta_{10}} \cdot Capital^{\beta_{11}} \qquad (5-2)$$

---

① 蔬菜生产碳排放总量 TCE 是各生产要素与其碳排放参数的乘积之和，而资本 $Capital$ 是各生产要素与其价格的乘积之和，由于本研究中各生产要素的碳排放参数和价格均是外生给定的，所以 TCE 和 $Capital$ 之间存在完全的线性相关关系，即 TCE 和 $Capital$ 实际上是由蔬菜生产要素投入量所决定的同一变量，不能纳入同一模型。

其中，Y 为蔬菜产出[①]；β_i（$i = 0，1，\cdots，11$）为待估参数，u 为随机误差项，其他变量如前所述。对式（5-2）两边取对数并整理得到如下模型Ⅱ：

$$\ln Y = \beta_0 + \beta_1 Tech + \beta_2 Sub + \beta_3 Sex + \beta_4 Age + \beta_5 EDU + \beta_6 EXP + \beta_7 RVI +$$
$$\beta_8 Income + \beta_9 \ln Land + \beta_{10} \ln Labor + \beta_{11} \ln Capital + u \qquad (5-3)$$

蔬菜生产的碳生产率（YCR）表示单位碳排放所得到的蔬菜产出，单位是元/kgce。根据上述碳生产率的定义可得：

$$YCR = \frac{Y}{TCE} \qquad (5-4)$$

对式（5-4）两边取对数，并结合式（5-1）和式（5-3），整理后可以得到如下模型Ⅲ：

$$\ln YCR = \gamma_0 + \gamma_1 Tech + \gamma_2 Sub + \gamma_3 Sex + \gamma_4 Age + \gamma_5 EDU + \gamma_6 EXP + \gamma_7 RVI +$$
$$\gamma_8 Income + \gamma_9 \ln Land + \gamma_{10} \ln Labor + \gamma_{11} \ln Capital + \nu \qquad (5-5)$$

其中，$\gamma_i(i = 0,1,\cdots,11)$ 为待估参数，$\nu = u - \mu$ 为随机误差项，其他变量如前所述。

5.3.3 估计方法与结果分析

由于蔬菜生产碳排放、蔬菜产出和蔬菜碳生产率之间存在概念上的联系，因此资源禀赋、技术选择和补贴政策等相关驱动因素对蔬菜生产碳排放、蔬菜产出和蔬菜碳生产率的影响具有联动作用，相关驱动因素对蔬菜生产碳排放和蔬菜产出的影响会间接传导到对蔬菜碳生产率的影响。如前文分析，模型Ⅲ的随机误差项是模型Ⅱ和模型Ⅰ的随机误差项之差，因此存在完全线性相关关系。若选择单方程模型，运用最小二乘估计（ordinary least squares，OLS）或可行的广义最小二乘估计（feasible generalized least squares，FGLS）分别对模型Ⅰ、模型Ⅱ和模型Ⅲ的参数进行估计，则会人为地阻断各模型之间的内在联系，并忽略随机误差存在线性相关的事实，从而使得参数的估计不具备有效性，并导致模型参数估计值的假设检验结果出现偏差。而基于联立方程组模型的似不相关回归（seemingly unrelated

---

① 由于不同蔬菜作物的产量不可加总，本书用蔬菜总产值表示蔬菜总产出。

regressions，SUR）方法能够识别各个模型之间随机误差项的相关性，得到的模型参数估计值方差更小，估计结果更为有效。基于此，本章运用 SUR 方法对由模型Ⅰ、模型Ⅱ和模型Ⅲ构成的联立方程组模型进行参数估计。根据我国环渤海地区五省市蔬菜种植户的实地调研数据，并运用 STATA 11.2 统计软件进行计量分析，得到的联立方程组模型参数的 SUR 估计结果如表 5-2 所示。

表 5-2　联立方程组模型参数的 SUR 估计结果

项目		模型Ⅰ（$\ln TCE$）		模型Ⅱ（$\ln Y$）		模型Ⅲ（$\ln YCR$）	
		回归系数	标准差	回归系数	标准差	回归系数	标准差
常数项	cons	3.5291 ***	0.5316	3.1702 ***	0.5237	4.0920 ***	0.6220
要素禀赋	$\ln Land$	0.3284 ***	0.0636	-0.1694 ***	0.0555	-0.2162 ***	0.0665
	$\ln Labor$	0.2987 ***	0.0330	0.2393 ***	0.0295	0.1149 ***	0.0352
	$\ln Capital$	—		0.6861 ***	0.0494	-0.0810	0.0565
家庭禀赋	Income	0.0281 ***	0.0061	0.0320 ***	0.0052	0.0243 ***	0.0062
	RVI	-0.0623	0.1410	0.4488 ***	0.1164	0.4741 ***	0.1400
个人禀赋	Sex	0.0253	0.1038	0.2973 ***	0.0857	0.2975 ***	0.103
	Age	-0.0206 ***	0.0041	-0.0046	0.0035	0.0041	0.0042
	EDU	0.0111	0.0517	-0.0322	0.0426	-0.0555	0.0514
	EXP	0.0074	0.0045	-0.0027	0.0037	-0.0056	0.0045
技术选择	Tech	0.0097	0.0146	0.0252 **	0.0121	0.0280 **	0.0145
制度安排	Sub	-0.1230 ***	0.0283	-0.0321	0.0241	-0.0051	0.0290
R^2		0.3574		0.5982		0.1269	
F-Stat		28.53		69.01		5.79	
P-value		0.0000		0.0000		0.0000	

注：*、**、*** 分别表示 10%、5% 和 1% 的显著性水平。

根据表 5-2 最后一行的 F 检验结果，各模型均在 1% 的显著性水平上通过了统计检验，说明各子模型中解释变量对被解释变量均具有很强的解释力。但由于本章实证研究部分采用的是 2015 年对我国环渤海地区蔬菜种植户实地调查的截面数据，为了减少运用截面数据对模型进行参数估计而产生的不确定性，本书仅对表 5-2 中在 1% 和 5% 显著性水平上通过统计检验的解释变量进行分析，以增加模型参数估计的稳定性和实证结果的解释力。

（1）要素禀赋因素对蔬菜生产低碳化的驱动作用。土地投入与蔬菜生产碳排放正相关而与蔬菜碳生产率负相关，且均在1%的显著性水平上通过了统计检验；这说明，无论从碳排放总量还是碳生产率方面看，土地投入对蔬菜生产低碳化均具有显著的负向作用。劳动投入对蔬菜生产碳排放、蔬菜产出和蔬菜碳生产率均具有正向作用，且均在1%的显著性水平上通过了统计检验。这说明，从碳排放总量方面看，劳动投入对蔬菜生产低碳化具有负向作用；而从碳生产率方面看，劳动投入对蔬菜生产低碳化又具有正向作用。劳动投入对蔬菜生产碳排放和蔬菜碳生产率的回归系数分别为0.2987和0.1149，由于在双对数模型中回归系数具有弹性意义，因此上述回归系数表明劳动投入每增加1%，相应的蔬菜生产碳排放和蔬菜碳生产率将分别增加约0.3%和0.1%。通过上述分析可知，土地投入和劳动投入均在1%的显著性水平上与农业碳排放正相关，与实际农业生产经验相吻合：蔬菜的实际种植面积越大，投入的可变生产要素越多，蔬菜生产产生的碳排放也越多；而劳动的投入往往与蔬菜作物的生长周期①有直接关系，一般而言蔬菜作物的生长周期越长，需要投入的劳动也越多，需要投入的可变农业生产要素也较多，从而产生的农业碳排放也较多。资本投入在1%的显著性水平上对蔬菜产出具有正向作用，但对蔬菜碳生产率的影响作用并不显著；可能的原因是资本投入增加主要是用于购买农业生产资料，虽然能够显著增加蔬菜产出，但生产资料的投入也引致了蔬菜生产碳排放的显著增加，进而使得资本投入对蔬菜碳生产率的作用并不显著。

（2）家庭禀赋因素对蔬菜生产低碳化的驱动作用。家庭总收入对蔬菜生产碳排放、蔬菜产出和蔬菜碳生产率均具有正向作用，且均在1%的显著性水平上通过了统计检验。这说明，从碳排放总量方面看，家庭总收入对蔬菜生产低碳化具有负向作用；而从碳生产率方面看，家庭总收入对蔬

①　目前日光温室等现代设施在我国环渤海地区的蔬菜生产中得到了广泛的推广和应用，设施蔬菜生产所需要的光照、温度和水分等更容易进行人为的控制，因此蔬菜作物的生长周期在农户之间差异性很大。

菜生产低碳化又具有正向作用。家庭总收入水平越高，蔬菜种植户越有能力投入更多的农业生产资料和采用更先进的蔬菜种植技术；根据家庭总收入对蔬菜生产碳排放、蔬菜产出和蔬菜碳生产率的回归系数可知，家庭总收入对蔬菜产出的正向作用大于其对蔬菜碳排放的正向作用，在两者共同的作用下家庭总收入对蔬菜碳生产率产生了显著的正向作用。蔬菜收入占家庭总收入的比重对蔬菜产出和蔬菜碳生产率均具有正向作用，且均在1%的显著性水平上通过了统计检验；同时，蔬菜收入占家庭总收入的比重对蔬菜生产碳排放的回归系数为负，虽然并不显著，但在一定程度上也可以说明其对蔬菜生产碳排放的影响是负向的。这说明蔬菜收入占家庭总收入的比重对蔬菜生产低碳化具有正向作用，尤其是对蔬菜碳生产率的正向作用非常显著。农业收入占家庭总收入的比重是衡量农户专业化程度的关键性指标，上述研究结论表明，提高蔬菜种植户的专业化水平，增加蔬菜收入在农户家庭总收入中的比重，对蔬菜生产低碳化具有显著的正向作用，这与宋博等（2016b）的研究结论相一致。

（3）个人禀赋因素对蔬菜生产低碳化的驱动作用。户主的性别对蔬菜产出和蔬菜碳生产率均具有正向作用，且在1%的显著性水平上均通过了统计检验；这说明从蔬菜碳生产率方面看，户主的性别对蔬菜生产低碳化具有显著的正向影响。可能的原因是男性户主对新技术的学习和运用能力更强，蔬菜生产效率也更高，使得户主为男性的家庭蔬菜产出也较高。另外，户主性别对蔬菜生产碳排放的影响并不显著，由于蔬菜碳生产率与蔬菜产出呈正比而与蔬菜生产碳排放呈反比，在两者共同的作用下户主性别对蔬菜碳生产率具有显著的正向作用。户主的年龄在1%的显著性水平上与蔬菜生产碳排放负相关，说明从蔬菜生产碳排放方面看，户主年龄对蔬菜生产低碳化具有显著的正向影响。可能的原因是年龄较大的蔬菜种植户更为保守，在蔬菜生产过程中投入的农业生产资料较少，从而产生的蔬菜生产碳排放也较少。最后，户主的受教育程度和户主从事蔬菜生产的年限对蔬菜生产碳排放、蔬菜产出和蔬菜碳生产率的影响均不显著。

（4）技术选择因素对蔬菜生产低碳化的驱动作用。技术选择对蔬菜产出和蔬菜碳生产率均具有正向作用，且在5%的显著性水平上均通过了统计检验；这说明从蔬菜碳生产率方面看，技术选择对蔬菜生产低碳化具有显著的正向影响，这与本章理论分析结果相一致。农户通过采用更多的蔬菜种植技术，不仅使原有生产要素的投入结构和投入量得到调整，而且诸多新的生产要素也可能被使用；这样技术选择的差异使得生产要素不再是同质的，不仅追加的生产要素而且原有生产要素的效率都会提高，进而提高蔬菜生产效率，并最终引致蔬菜产出的显著增加。另外，技术选择对蔬菜生产碳排放的影响并不显著，可见蔬菜种植户的技术选择主要是对农业生产要素的投入结构产生了显著影响，而并没有对农业生产要素的投入量产生显著影响。因此，技术选择对蔬菜产出的显著影响使得其对蔬菜生产低碳化的正向作用主要体现在蔬菜碳生产率的显著提高上。

（5）制度安排因素对蔬菜生产低碳化的驱动作用。政府补贴在1%的显著性水平上与蔬菜生产碳排放负相关，这说明蔬菜种植户受到政府的蔬菜生产补贴数量对蔬菜生产碳排放具有显著的负向作用。因此，从蔬菜生产碳排放总量的方面看，政府对蔬菜生产的补贴政策对蔬菜生产低碳化具有显著的正向作用，这与本章理论分析结果相一致。但政府补贴对蔬菜产出和蔬菜碳生产率的影响并不显著。由前文分析可知，政府的生产补贴政策一般以推动农业生产向资源节约型和环境友好型模式转变为导向，如近年来政府大力推广的配方肥补贴、防虫板补贴和滴灌补贴等，这些补贴政策虽然能够激励农户减少化肥、农药和水资源的投入量，但对蔬菜生产的增产效果并不显著，从而导致政府补贴对蔬菜碳生产率的作用也不显著。

最后需要说明的是，本研究将蔬菜生产低碳化简化成为提高碳生产率和减少蔬菜生产碳排放量的过程。在上述驱动因素对蔬菜生产低碳化影响的讨论中，劳动和家庭总收入等控制变量从碳排放量和碳生产率的不同视角看，对蔬菜生产低碳化的作用方向也不同。具体说来，从碳排放量方面看，劳动和家庭总收入对蔬菜生产低碳化具有显著的负向作用；而从碳生产率方面看，劳动和家庭总收入对蔬菜生产低碳化又具有显著的正向作用。因此，驱动因素对碳排放量和碳生产率的作用方向不一致并不能说明该驱动因素对蔬菜生产低碳化的作用方向，而只有相关驱动因素对碳排放量和碳生产率的影响显著且一致，或者对碳排放量和碳生产率的影响只有一个显著时才能说明该驱动因素对蔬菜生产低碳化的影响是显著的且作用方向是确定的。

5.4　本章小结

本章根据低碳经济理论和产业发展理论，从资源禀赋、技术选择和制度安排等方面构建了蔬菜生产低碳化的驱动因素理论分析框架，并基于2015 年环渤海地区五省市 524 个蔬菜种植户的实地调查数据，运用联立方程组模型的 SUR 估计方法对蔬菜生产低碳化的驱动因素进行了实证分析。研究结论总结如下：

第一，土地投入与蔬菜生产碳排放显著正相关而与蔬菜碳生产率显著负相关，说明土地投入无论从蔬菜生产碳排放方面看还是从蔬菜碳生产率方面看均对蔬菜生产低碳化具有显著的负向作用。劳动投入对蔬菜生产碳排放和蔬菜碳生产率均具有显著的正向作用；说明劳动投入从碳排放总量方面看对蔬菜生产低碳化具有负向作用，而从碳生产率方面看对蔬菜生产低碳化具有正向作用。

第二，家庭总收入对蔬菜生产碳排放和蔬菜碳生产率均具有显著的正向作用；家庭总收入从碳排放总量方面看对蔬菜生产低碳化具有负向作用，而从碳生产率方面看对蔬菜生产低碳化具有正向作用。蔬菜收入占家庭总收入的比重对蔬菜碳生产率均具有显著的正向作用，但对蔬菜生产碳排放的影响不显著，说明蔬菜收入占家庭总收入的比重从蔬菜碳生产率方面看对蔬菜生产低碳化具有显著的正向作用。

第三，户主的性别对蔬菜碳生产率均具有显著的正向作用，而对蔬菜生产碳排放的影响并不显著，说明户主的性别从蔬菜碳生产率方面看对蔬菜生产低碳化具有显著的正向影响。户主的年龄对蔬菜生产碳排放具有显著的负向作用，而对蔬菜碳生产率的影响不显著，说明户主的年龄从蔬菜生产碳排放方面看对蔬菜生产低碳化具有显著的正向影响。

第四，技术选择对蔬菜碳生产率具有显著的正向作用，而对蔬菜生产碳排放的影响并不显著，说明农户采用蔬菜种植技术从蔬菜碳生产率方面看对蔬菜生产低碳化具有显著的正向作用。政府补贴对蔬菜生产碳排放具有显著的负向作用，但对蔬菜碳生产率的影响并不显著，说明政府的补贴政策从蔬菜生产碳排放方面看对蔬菜生产低碳化具有显著的正向作用。

根据上述研究结论本章提出如下有利于蔬菜生产低碳化发展的政策建议：

第一，合理规划蔬菜生产的土地投入，杜绝蔬菜生产用地的粗放利用。由于目前我国仍然以提高产业发展的碳生产率为主要目标，因此在蔬菜生产中仍然要鼓励增加劳动投入，不宜盲目地追求机械化。

第二，稳定蔬菜价格，保障蔬菜种植户的经济收益；同时，相关优惠和扶持政策应向蔬菜种植大户倾斜，切实提高蔬菜生产的专业化水平。

第三，积极开展蔬菜生产技术的培训和推广，加大对资源节约型和环境友好型蔬菜生产技术和生产资料的补贴力度，有效发挥技术选择和制度安排在蔬菜生产低碳化发展中的重要作用。

最后需要说明的是，本章研究的局限性也是应该加以注意的。基于联立方程组模型的 SUR 方法所得到的模型参数估计结果虽然从整体上看更有效，但通常是建立在估计量的一致性特点基础之上的，即更适合于大样本的情况。另外，本章只是研究了相关驱动因素对蔬菜生产低碳化的静态影响；而事实上，蔬菜生产低碳化是一个在相关驱动因素影响下的动态发展过程。但限于更多数据的可得性，只得忽略了相关驱动因素对蔬菜生产低碳化的动态影响。运用较长时期的面板数据对蔬菜生产低碳化的驱动因素进行静态和动态相结合的综合分析将是一项更具挑战也更有意义的研究，但研究结果为研究蔬菜生产低碳化的驱动因素作出了初步探索，尽管还存在诸多局限，但对于关心我国农业现代化进程中的可持续发展问题，尤其是低碳蔬菜产业发展的学者仍是有用的。

第6章　蔬菜生产低碳化的农户行为分析

通过第5章对蔬菜生产低碳化驱动因素的实证分析结果可知，资源禀赋、技术选择和制度安排均对蔬菜生产低碳化具有显著的影响。但是，资源禀赋条件受当地自然资源和农户家庭及自身条件的限制，且这种限制在短期内很难被打破，因此对于一个地区，尤其是对于单个农户来讲资源禀赋条件几乎是既定的。而诸如蔬菜生产补贴等制度安排，则属于当地社会环境条件下的政府行为，虽然这种政策在长期内可以作出调整，但是在短期内对于单个从事蔬菜生产的农户而言也是难以改变的因素。鉴于此，从技术选择方面探索我国蔬菜生产的低碳化发展路径是目前最为可行和值得尝试的途径。技术选择是农户在从事蔬菜生产时所进行的独立自主的行为决策，具有相对的主动性和自由性。由于农户仍然是目前我国最为主要的蔬菜生产主体，因此蔬菜种植户低碳生产技术的采用行为是从微观主体层面实现蔬菜生产低碳化的基础。米松华等（2012）对我国农业源温室气体减排技术及管理措施进行了适用性评价，并筛选出了3大类18项具有适用性的农业低碳生产技术及管理措施。结合农田适用性低碳生产技术及管理措施和蔬菜生产的实际情况，进一步筛选出了蔬菜种植户采用比较普遍的低碳生产技术及管理措施，主要包括滴灌、测土配方施肥、病虫害综合防治和秸秆综合利用等4项。实际上，广义的低碳生产技术不仅仅指单独的技术，还应该包括有益于促进低碳化的技术窍门、工序、产品、服务、设备以及组织和管理措施的整个系统（国家气候变化对策协调小组办公室/中国21世纪议程管理中心，2004）。因此，为便于表述，下文中均以广义的低碳生产技术来代指蔬菜生产过程中的低碳技术及管理措施。滴灌技术能够节约农业用水量，进而减少灌溉过程中能源消耗所产生的碳排放；同时，滴灌的管道和间歇性灌溉特点还能够增加土壤的通气性，改变甲烷产生、氧化和排放条件，从而显著减少甲烷气体的排放（展著等，2010）。测土配方施肥技术可以根据土壤供肥性能、作物需肥规律和肥料作用效应确定施肥数量、施肥时间和施肥方法，从而提高肥料利用效率，减少化肥过度施用所产生的碳排放（米松华等，2012）。病虫害综合防治技术具有显著的节药和增产效果（赵连阁等，2013），不但能够减少农药投入所产生的碳排放，而且能够提高蔬菜作物自身通过光合作用所产生的固碳量，具有减排增汇的双重低碳效果。秸秆综合利用技术是指农户采用秸秆还田、秸秆生物反应堆或者将农作物秸秆运送到指定地点进行无污染集中处理，不但能够减少农户焚烧秸秆产生的二氧化碳，而且还田后能够增加农田土壤的有机碳含量[①]。

6.1 农户行为理论在菜农低碳技术采用中的应用

农户的低碳生产技术采用行为是农户诸多生产行为中的一种，其行为逻辑符合农户行为理论的一般性分析框架。对农户行为理论的深入探讨起始于 20 世纪 20 年代，经过多年的研究，目前学术界逐渐形成了以恰亚诺夫为代表的生存小农学派，以舒尔茨为代表的理性小农学派和以黄宗智为代表的历史学派等三大主流学派。

6.1.1 生存小农学派

生存小农学派诞生于 20 世纪 20 年代末期，其代表人物是苏联经济学家恰亚诺夫，代表作是其于 1925 年出版的《农民经济组织》，核心思想是坚守小农的生存逻辑（萧正洪，1996）。该学派从社会学的角度观察农民的经济行为，认为小农家庭农场的生产经营行为以劳动的供给和消费的满足为决定因素。当边际劳动投入所带来的劳累程度与产品增加带来的满足

---

① 农作物秸秆规模化收集装备技术（碳减排技术）和秸秆生物质碳农业应用技术（碳汇类技术）是《国家重点推广的低碳技术目录》中列示的农业相关低碳技术，资料来源：http://www.sdpc.gov.cn/gzdt/201409/t20140905_625018.html。

程度相同时，农民就不会再继续增加劳动投入了，即劳动投入和农业产出达到了均衡，农户家庭的经济活动量也便确定了下来。由于农户家庭中劳动者与消费者的比例在生物学规律的支配下随家庭人口规模和人口结构发生周期性的变化，因此农户家庭经济活动量的变化主要是受家庭人口变化的支配，而不是受经济因素的支配。所以，小农追求的是满足家庭的基本消费，而不是追求利润最大化，从而得出了小农非经济理性的结论。20 世纪 50 年代末期，匈牙利经济学家卡尔·波兰尼（Polany et al.，1957）继承了恰亚诺夫的这一观点。他从哲学层面和制度维度的角度分析小农行为，认为在资本主义自由市场出现之前，经济行为植根于当时特定的社会关系之中，因此分析农户行为就需要把经济过程作为社会的"制度过程"来看待。到了 20 世纪 70 年代，美国经济学家斯科特（Scott，1976）通过细致的案例考察进一步阐释和扩展了上述分析逻辑，将小农的安全生存问题置于研究农户政治活动的中心，极力强调小农生存规则的道德含义，即其提出的著名的"道义经济"命题。总的看来，生存小农学派的主要观点是坚守小农"生存第一"的原则，强调具有强烈生存取向的农民以避免经济灾难、保障家庭消费为首要目标，不会冒险追求市场经济下的利润最大化。

6.1.2　理性小农学派

理性小农学派的主要代表人物是芝加哥经济学派成员、诺贝尔经济学奖得主、著名的美国农业经济学家 T. W. 舒尔茨（Schultz，1964）。他在1964 年出版的《改造传统农业》中指出，传统农业的生产效率是低下的，但这并不意味着传统农业资源配置的效率低下。在传统的农业生产部门中，农户也是经济理性的，其生产要素的配置也能达到帕累托最优水平。至于传统农业的发展停滞落后，其主要原因在于传统农业所受到的诸多局限，如传统农业的投资收益率过低，农户没有追加投资的积极性。因此，舒尔茨认为，试图通过重新配置生产要素来改造传统农业是徒劳的，而依靠市场价格的经济刺激来引导农户对农业生产进行更多的投资才是更好的选择。随后，波普金（Popkin，1979）在其 1979 年出版的著作《理性的小农》中进一步阐述了舒尔茨理性小农的观点，认为农户是经济理性的，其进行生产决策也是以追求个人或者家庭的福利最大化为准则的。他指出小农在一定的局限条件和外部环境下也是一个追求最大利益而进行生产决策的理性经济人。学术界将该学派的这一观点称为"舒尔茨－波普金命题"。

该学派的核心思想是强调小农也是经济理性的。基于这一前提条件不难推断，只要外部条件具备，农户就会在经济利益的刺激下作出合理的生产决策以追求农业生产的经济利益最大化，从而整个农业部门就会实现帕累托最优。因此，传统农业发展缓慢并不是因为农民缺乏进取精神和市场的价格机制不能发挥作用，而是由传统农业面临的生产要素投入的边际收益递减所导致的收益率过低造成的。

6.1.3 历史学派

历史学派的代表人物是美国加州大学洛杉矶分校的华裔历史社会学家黄宗智，代表作是他于 1985 年和 1990 年先后出版的《华北的小农经济与社会变迁》和《长江三角洲小农家庭与乡村发展》两部著作。前部著作通过对 20 世纪 30—70 年代中国华北地区的小农经济状况进行深入的经验研究和理论分析，认为 20 世纪 30 年代初期华北地区的农村就已经形成了分化的小农经济。他提出了用"内卷化"的概念来刻画中国小农农业的经济逻辑：由于农民家庭不能随意解雇家庭多余的劳动力，面对过于分散和狭小的耕地，以维持生计为目的的小农户不得不在劳动的边际报酬极低的情况下仍然继续投入劳动，以换取微不足道的农业产出增加。这样，在小农家庭存在过多劳动力而无法转移的情况下，就形成了一种农业经济发展停滞且长期难以发生改变的小农经济体系。随后，黄宗智又将研究对象从农村经济相对落后的华北转移到经济发展比较先进的长江三角洲地区。后部著作通过对 1949 年前的中国几个世纪以来农业和农村经济发展的情况进行分析，认为自明初以来的 600 多年，虽然资本主义萌芽催生了商品化和城市化，但长江三角洲落后的小农经济并没有发生实质性的改变，仍然有过多的家庭劳动力附着在过于分散和狭小的耕地上，不能成为真正意义上的雇佣劳动者。针对这一现象，黄宗智提出了"过密化"的概念，作为对"内卷化"概念的深化。另外，黄宗智认为，新中国成立初期开始的集体化和农业机械化运动也并没有打破这种"过密化"对农业经济发展的束缚，而 20 世纪 80 年代中国的农村经济改革实质上就是一场反"过密化"的伟大进程。总的看来，黄宗智认为中国的农民既不完全是恰亚诺夫式的生存维持者，也不完全是舒尔茨意义上的利润最大化的追逐者，而是在维持生计的基础上争取家庭利益的综合体。史清华在其 1999 年出版的论著《农户经济增长与发展研究》中，将黄宗智的上述观点进行总结，提出了农户行为理论的"历史学派"一说，得到了学术界的普遍认可。

综上所述，笔者认为三种不同学派的理论学说是基于不同历史时期和不同社会经济条件下的农业发展状况及农户生产行为所形成的，在特定的历史阶段均有其存在的合理性。恰亚诺夫所描述的社会生产力水平低下、为维持生存而进行农业生产的农户自然不同于舒尔茨所刻画的资本主义商品经济条件下的农户；同样，黄宗智笔下处于半殖民地半封建社会的小农，以及新中国成立初期处于高度集体化的农民公社中社员的行为亦与恰氏和舒氏所说的小农户有所不同。但值得肯定的是，上述理论学说均为进一步研究农户行为提供了有益的理论借鉴。中国是一个地域辽阔和人口众多的发展中国家，目前又处于从传统农业向现代农业的关键转型期，因此特殊的资源禀赋条件及社会经济发展阶段决定了当前中国农户行为的特殊性。然而，从一般意义上看，任何农户都是在所处环境及自身的局限条件下追逐个人或家庭的"利益最大化"。而这里所强调的局限条件既包括诸如资源禀赋条件、经济发展水平、社会文化趋向等自然环境条件和社会环境条件，也包括从事农业生产者的年龄结构、性别结构、受教育程度等农户自身的局限条件。因此，研究农户行为，改造传统农业，最关键的还是要充分认识到这些局限条件。本章试图通过实地调查方式尽可能地识别当前中国农户所面临的局限条件，以理性小农理论为基础对蔬菜种植户的低碳生产技术采用行为进行实证分析。

6.2 农户低碳生产技术采用行为的理论分析框架

理性小农学派认为农户是经济理性的，其采用低碳生产技术的前提是所得到的经济利益必须能够弥补为此所付出的成本。因此，农户采用低碳生产技术的实际行为发生必须同时满足两个条件：一是具有采用低碳生产技术的行为意愿，二是具有采用低碳生产技术的行为能力。第一个条件是主观条件，计划行为理论（TPB）认为，个体的行为意愿和行为产生之间具有高度的正相关关系，个体的行为意愿越高其行为产生的概率越大；而行为意愿则同时受到个体的行为态度、主观规范和知觉行为控制三个关键潜在因素的影响（Lokhorst et al.，2011）。第二个条件是客观条件，也是对计划行为理论（TPB）的扩展。农户有了采用低碳生产技术的行为意愿，还需要具有采用低碳生产技术的行为能力才能够使行为意愿最终有效地转化成实际行为；而农户采用低碳生产技术的行为能力主要受农户支付能力和学习能力两个潜在因素的影响（陈红喜等，2013）。根据上述分析，农户低碳生产技术采用行为的作用机理如图 6 - 1 所示。

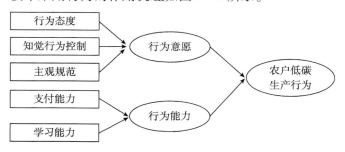

图 6 - 1 农户低碳生产技术采用行为的作用机理

　　行为态度是个体对执行某具体行为的认知和评价，农户采用低碳生产技术的行为态度反映了农户对低碳生产技术的认知与评价。农户对低碳生产技术的认知程度越深，评价越积极，则其采用低碳生产技术的行为意愿就越强烈，进而采用低碳生产技术的可能性也就越大；反之，如果农户对低碳生产技术的认知度低、评价消极，则农户主观上就没有采用低碳生产技术的行为意愿，则其采用低碳生产技术的可能性也很低。知觉行为控制是个体感知自身在执行某特定行为时的可控能力，反映的是个体感知到的资源禀赋、环境因素和不确定性风险等多方面的非意志力因素对执行某行为的约束。农户具有的资源禀赋条件越好、所处的环境因素越有利、面临的不确定性风险越低，则其主观感知到的采用低碳生产技术时的现实约束也就越小，进而采用低碳生产技术的行为意愿也就越高。主观规范是个体在考虑执行某具体行为时所感受到外界的推力或压力，反映的是领导者、组织或制度对个体行为决策的影响力。农户采用低碳生产技术的主观规范因素是指农户实施低碳生产可能受到的来自领导者的认同或压制、农业经营组织的支持或反对、相关制度和农业政策的约束或激励等。诸如此类的来自外界的推力和压力都会对农户实施低碳生产的行为意愿产生正面或负面的影响。支付能力反映的是个体持续承受由某特定行为决策所产生的成本的能力。农户进行低碳生产的支付能力是指农户对采用低碳生产技术所产生的成本的承受能力，主要取决于农户家庭的收入水平、经营规模和融资能力。农户家庭的收入水平越高、经营规模越大、获得信贷的能力越强，则其对低碳生产技术的支付能力也就越强，从而在存在低碳生产行为意愿的情况下采用低碳生产技术的可能性也就越大。学习能力是指个体运用自身所具有的方法和技巧认知新事物的能力，并可以在认知的基础上形成执行能力。农户对低碳生产技术的学习能力体现在其掌握并使用该技术及管理措施的能力上，主要取决于农户长期从事农业生产的经验积累、受教育程度和受到的专业技术训练。另外，农户的性别、年龄等个体特征也会对农户的学习能力产生一定的影响。

6.3　菜农低碳生产技术采用及影响因素的实证分析

6.3.1　变量设定

根据前文的理论分析及已有研究成果（Knowler et al. , 2007；马骥等，2007；喻永红等，2009；赵连阁等，2012；李想等，2013a；侯博等，2015），蔬菜种植户的行为态度（ATT）相关因素包括对可持续农业的认知度（$att1$）、对低碳农业的认知度（$att2$）、对低碳生产技术的效果满意度（$att3$）等 3 个解释变量；知觉行为控制（PCB）的相关因素包括家庭总耕地面积（$pcb1$）、家庭蔬菜种植面积（$pcb2$）、家庭从事蔬菜生产的劳动力数量（$pcb3$）、是否兼业（$pcb4$）、是否加入设施保险（$pcb5$）和农户对采用新技术的风险态度（$pcb6$）等 6 个解释变量；主观规范（SAN）的相关因素包括政府补贴情况（$san1$）、家里是否有党员或干部（$san2$）、是否加入蔬菜专业合作社（$san3$）等3个解释变量；支付能力（PA）的相关因素包括家庭总收入（$pa1$）、蔬菜总收入（$pa2$）、有无贷款需求（$pa3$）等3个解释变量；学习能力（LA）的相关因素包括户主性别（$la1$）、户主年龄（$la2$）、户主受教育程度（$la3$）、参加技术培训次数（$la4$）、从事蔬菜种植的年限（$la5$）等5个解释变量；低碳生产技术采用行为（BE）包括是否采用了滴灌技术（$be1$）、是否采用了测土配方施肥技术（$be2$）、是否采用了病虫害综合防治技术（$be3$）和是否采用了秸秆综合利用技术（$be4$）等4个被解释变量。

6.3.2　模型构建

蔬菜种植户的低碳生产技术采用行为由一系列的低碳生产技术采用决策组成，在蔬菜生产过程中这些技术往往不是单独被采用的，而是多项低碳生产技术同时被采用的。因此，多项低碳生产技术的采用行为往往不会是相互独立的，而是具有关联性。如果某些低碳生产技术在蔬菜生产中的采用行为存在正向关联性，则称这些低碳生产技术之间具有互补效应；如若存在负向关联性，则称这些低碳生产技术具有替代效应；若不存在关联性，则称为相互独立的低碳生产技术。对于某一项低碳生产技术而言，农户是否采用是一个二元选择过程；而当农户面临多项低碳生产技术时，农户是否采用某些低碳生产技术就构成了一个由多个二元选择行为所组成的多元选择模型（Multivariate Probit Model）。模型具体形式如下：

$$\begin{cases} Y^*_{hj} = X'_{hj}\beta_j + u_{hj} & h,j = 1,2\cdots\cdots \\ u_{hj} \sim MVN(0,\mathbf{\Psi}) \end{cases} \quad (6-1)$$

$$Y_{hj} = \begin{cases} 1 & if \quad Y^*_{hj} > 0 \\ 0 & otherwise \end{cases} \quad (6-2)$$

式中 Y^*_{hj} 表示第 h 个农户对第 j 项低碳生产技术的潜在需求变量，且可以由可观测变量向量 X_{hj} 的线性组合表示。β_j 为模型的待估参数向量，u_{hj} 为误差项，$\mathbf{\Psi}$ 为 u_{hj} 的方差－协方差矩阵，则 β_j 和 $\mathbf{\Psi}$ 均可基于不同农户是否采用第

j 项低碳生产技术 Y_{hj} 及其潜在需求的可观测变量向量 X_{hj}，通过最大似然估计法求得。如果农户采用不同低碳生产技术的行为是相互独立的，则 u_{hj} 为服从独立同分布的随机变量，即农户采用单项低碳生产技术并不影响他们采用其他低碳生产技术的可能性；但如果农户同时采用多项低碳生产技术是可能的，则 u_{hj} 将遵循零条件均值与变异值的多元正态分布，即 $u_{hj} \sim MVN(0, \Psi)$，设 u_{hj} 的方差 – 协方差矩阵为：

$$\Psi = \begin{bmatrix} 1 & \rho_{12} & \rho_{13} & \cdots & \rho_{1m} \\ \rho_{21} & 1 & \rho_{23} & \cdots & \rho_{2m} \\ \rho_{31} & \rho_{32} & 1 & \cdots & \rho_{3m} \\ \vdots & \vdots & \vdots & 1 & \vdots \\ \rho_{m1} & \rho_{m2} & \rho_{m3} & \cdots & 1 \end{bmatrix} \qquad (6-3)$$

则上式中，非对角线上的元素代表多项低碳生产技术两两之间所具有的无法观测的联系，非零值表示各潜在变量误差项之间存在相关性，说明多项低碳生产技术的采用行为之间具有关联效应。

6.3.3 数据来源与统计描述

实证研究部分的数据来源于2015年对环渤海地区山东省、辽宁省、河北省、北京市、天津市等五省市524个蔬菜种植户的分层抽样调查。为降低受访农户理解偏差对答卷质量的影响，实地调研中采取一对一访谈的方式进行，并由经过岗前培训的调研员当场填写问卷。根据本章研究所需指标对调研问卷进行初步整理后共获得有效问卷515份，各可观测变量的赋值方法及统计描述如表6-1所示。

表6-1 观测变量的赋值方法及统计描述

变量符号		变量赋值方法	最小值	最大值	平均值	标准差
ATT	*att*1	1 = 不了解；2 = 了解较少；3 = 一般；4 = 比较了解；5 = 非常了解	1	5	3.15	1.43
	*att*2	同上	1	5	1.98	0.91
	*att*3	1 = 很不满意；2 = 不满意；3 = 一般；4 = 比较满意；5 = 很满意	1	5	2.59	1.07

变量符号		变量赋值方法	最小值	最大值	平均值	标准差
PCB	pcb1	家庭实际的总耕地面积	1	45	8.86	5.85
	pcb2	蔬菜种植的实际面积	0.5	35	5.39	3.87
	pcb3	从事蔬菜生产的实际劳动力人数	1	6	2.13	0.66
	pcb4	0 = 否；1 = 是	0	1	0.26	0.44
	pcb5	同上	0	1	0.16	0.37
	pcb6	1 = 风险厌恶型；2 = 风险中立型；3 = 风险偏好型	1	3	2.01	0.80
SAN	san1	0 = 否；1 = 是	0	1	0.48	0.50
	san2	同上	0	1	0.23	0.42
	san3	同上	0	1	0.19	0.39
PA	pa1	年家庭总收入	0.4	40	7.64	4.99
	pa2	年蔬菜总收入	0.2	38	6.36	4.76
	pa3	0 = 无；1 = 有	0	1	0.27	0.44
LA	la1	0 = 女；1 = 男	0	1	0.88	0.33
	la2	户主的实际年龄（周岁）	25	78	49.3	9.21
	la3	1 = 没上过学；2 = 小学；3 = 初中；4 = 高中；5 = 大专及以上	1	5	2.90	0.69
	la4	实际参加技术培训的次数	0	60	5.27	8.91
	la5	实际从事蔬菜生产的年数	2	40	17.0	8.24
BE	be1	0 = 否；1 = 是	0	1	0.44	0.50
	be2	同上	0	1	0.35	0.48
	be3	同上	0	1	0.63	0.48
	be4	同上	0	1	0.31	0.46

由表6-1可知，受访农户对可持续农业具有一般性的了解，但对低碳农业的了解较少，对低碳生产技术的满意度较低。农户家庭的平均总耕地面积为8.86亩，平均蔬菜种植面积为5.39亩，蔬菜种植面积占总耕地面积的61%；从事蔬菜生产的劳动力户均约为2人，且26%的农户具有兼业行为。采用新技术的风险态度平均值为2.01，说明绝大多数蔬菜种植户对采用新技术的风险态度是保持中立的，但仅有16%的农户加入了设施保险。48%的农户获得过政府的蔬菜生产补贴，加入蔬菜专业合作社的农户

比重较低，仅为 19%。被调查蔬菜种植户的平均家庭总收入为 7.64 万元，平均蔬菜收入为 6.36 万元，蔬菜收入占总收入的比重为 83%，27% 的受访农户表示在蔬菜生产时有贷款需求。蔬菜种植户家庭户主以男性为主，女性户主仅占 12%；户主的平均年龄约为 49 岁，最小 25 岁，最大 78 岁，对于从事劳动密集型的蔬菜生产来说已经相对高龄化。户主的平均受教育程度接近初中水平，参加蔬菜生产技术培训的平均次数约为 5 次，从事蔬菜生产的平均年限为 17 年，说明受访蔬菜种植户参加技术培训的频率较低，但大多具有丰富的蔬菜种植经验。蔬菜种植户的低碳生产技术采用行为方面，受访农户中采用了滴灌、测土配方施肥、病虫害综合防治和秸秆综合利用等低碳生产技术的农户分别占 44%、35%、63% 和 31%。这说明病虫害综合防治技术和滴灌技术的应用在蔬菜生产中已相对普遍，而测土配方施肥技术和秸秆综合利用技术的采用率还比较低。

6.3.4　结果分析

本研究的有效样本量为 515，模型自变量的个数为 20，样本量是自变量个数的 25 倍以上，能够满足统计检验的有效性和参数估计的渐进一致性。运用 STATA 11.2 统计软件对 Multivariate Probit 模型进行分析，回归方程误差项的协方差矩阵及模型参数的估计结果如表 6 - 2 和表 6 - 3 所示。

表 6 - 2　Multivariate Probit 回归方程的残差项协方差矩阵

项目	be1	be2	be3
be2	- 0.4013 *** (0.0800)		
be3	- 0.2990 *** (0.0895)	- 0.2883 *** (0.1010)	
be4	- 0.4196 *** (0.0788)	- 0.1672 * (0.0886)	- 0.1266 (0.0949)

Likelihood ratio test of $rho_{21} = rho_{31} = rho_{41} = rho_{32} = rho_{42} = rho_{43} = 0$

Chi^2（6）= 150.76　　Prob > Chi^2 = 0.0000

注：表中括号内的数值为标准差，***、**、* 分别表示 1%、5% 和 10% 的显著性水平。

根据表 6 - 2 最后一行的假设检验结果，在 1% 的显著性水平上拒绝了模型各误差项之间协方差为 0 的原假设。这说明蔬菜种植户在采用不同的低碳生产技术时存在关联性；因此，运用 Multivariate Probit 模型对蔬菜种植户低碳生产技术采用行为及影响因素进行分析是合理的。另外，从表 6 - 2 中 Multivariate Probit 回归方程的误差项协方差系数和显著性水平看，蔬菜种植户的滴灌技术采用行为与测土配方施肥技术、病虫害综合防治技术和秸秆综合利用技术的采用行为均在 1% 的显著性水平上负相关，说明滴灌技术的采用与测土配方施肥技术、病虫害综合防治技术和秸秆综合利用技术的采用之间均存在显著的替代效应。测土配方施肥技术的采用行为与病虫害综合防治技术及秸秆综合利用技术的采用行为分别在 1% 和 10% 的显著性水平上负相关，说明蔬菜种植户测土配方施肥的采用与病虫害综合防治及秸秆综合利用的采用之间亦均存在显著的替代效应。

表 6 - 3　Multivariate Probit 回归方程的参数估计结果

变量	$be1$	$be2$	$be3$	$be4$
$att1$	0. 2933 *** (0. 0624)	- 0306 (0. 0627)	- 0. 0471 (0. 0692)	0. 0245 (0. 0617)
$att2$	- 0. 1298 (0. 0929)	0. 3084 *** (0. 0972)	- 0. 0732 (0. 1101)	0. 0847 (0. 0942)
$att3$	0. 8169 *** (0. 0834)	0. 6615 *** (0. 0760)	1. 1401 *** (0. 0998)	0. 7800 *** (0. 0756)
$pcb1$	0. 0362 ** (0. 0165)	- 0. 0619 *** (0. 0192)	- 0. 0257 (0. 0191)	- 0. 0016 (0. 0173)
$pcb2$	- 0. 0363 (0. 0232)	0. 0532 *** (0. 0256)	- 0. 0046 (0. 0272)	0. 0164 (0. 0244)
$pcb3$	0. 0491 (0. 1104)	- 0. 1063 (0. 1191)	- 0. 0468 (0. 1182)	- 0. 0179 (0. 1117)
$pcb4$	- 0. 4955 *** (0. 1834)	0. 2521 (0. 1832)	0. 8854 *** (0. 2157)	0. 0557 (0. 1738)
$pcb5$	- 0. 0662 (0. 1895)	- 0. 2492 (0. 1900)	- 0. 3371 (0. 2270)	0. 5746 *** (0. 1870)
$pcb6$	- 0. 1879 ** (0. 0901)	0. 2332 ** (0. 0933)	0. 0727 (0. 0998)	- 0. 0141 (0. 0904)

变量	be1	be2	be3	be4
san1	− 0. 2424	0. 0774	0. 5797 ***	0. 0444
	(0. 1764)	(0. 1722)	(0. 1878)	(0. 1657)
san2	0. 0390	− 0. 0302	− 0. 3631	0. 1614
	(0. 1917)	(0. 1988)	(0. 2363)	(0. 1823)
san3	− 0. 7039 ***	0. 6825 ***	0. 2973	− 0. 0834
	(0. 1966)	(0. 1910)	(0. 2127)	(0. 1748)
pa1	0. 0355	− 0. 0275	− 0. 0321	− 0. 0072
	(0. 0325)	(0. 0303)	(0. 0413)	(0. 0329)
pa2	− 0. 0686 *	0. 0562 *	0. 0701	− 0. 0494
	(0. 0360)	(0. 0317)	(0. 0449)	(0. 0366)
pa3	− 0. 5569 ***	0. 1996	0. 4021 *	0. 3141 *
	(0. 1789)	(0. 1775)	(0. 2088)	(0. 1627)
la1	− 0. 0829	0. 2179	− 0. 8876 ***	− 0. 1294
	(0. 2146)	(0. 2165)	(0. 2753)	(0. 1971)
la2	− 0. 0023	− 0. 0040	− 0. 0092	0. 0168 **
	(0. 0088)	(0. 0090)	(0. 0089)	(0. 0083)
la3	− 0. 1441	0. 2236 **	− 0. 1600	0. 1266
	(0. 1102)	(0. 1131)	(0. 1166)	(0. 1003)
la4	− 0. 0082	0. 0105	0. 0206 **	0. 0071
	(0. 0088)	(0. 0082)	(0. 0104)	(0. 0074)
la5	0. 0034	0. 0189 **	0. 0078	− 0. 0165 *
	(0. 0092)	(0. 0097)	(0. 0100)	(0. 0087)
_cons	− 1. 5824 **	− 4. 2209 ***	− 1. 2407 *	− 3. 4612 ***
	(0. 6811)	(0. 7300)	(0. 7371)	(0. 6701)

Log likelihood = − 802. 93

Number of obs = 515

Wald chi^2 (80) = 669. 27　　Prob > chi^2 = 0. 0000

注：表中括号内的数值为标准差，***、**、*分别表示1%、5%和10%的显著性水平。

　　由于本章实证分析部分采用的是截面数据，而不同时点的截面数据所得到的模型参数估计结果可能具有一定的差异性。为了减少截面数据对 Multivariate Probit 回归方程参数估计结果产生的这种不利影响，以下仅对

表 6-3 中在 1% 和 5% 显著性水平上通过统计检验的变量进行分析，以增加模型参数估计的稳定性和实证结果的解释力。

（1）农户的行为态度因素对低碳生产技术采用行为的影响。农户对低碳农业的认知度对滴灌技术的采用行为具有显著的正向影响，农户对可持续农业的认知度对测土配方施肥技术的采用行为具有显著的正向影响，农户对低碳生产技术的效果满意度对四种低碳生产技术的采用行为均具有显著的正向影响。这与理论分析结果相一致，农户对低碳生产技术的认知程度越深，评价越积极，则其实际采用行为发生的可能性也就越大。

（2）农户的知觉行为控制因素对低碳生产技术采用行为的影响。家庭总耕地面积对农户滴灌技术的采用行为具有显著的正向影响，蔬菜种植面积对测土配方施肥技术的采用行为具有显著的正向影响。这说明农户的经营规模越大，采用低碳生产技术的行为意愿越高。兼业行为对滴灌技术的采用行为具有显著的负向影响，而对病虫害综合防治技术的采用行为具有显著的正向影响。滴灌技术与传统灌溉方式相比成本较高，而病虫害综合防治技术与单纯依靠农药相比成本较低，由于兼业农户与专业农户相比蔬菜生产的投入一般较少，因此兼业农户更倾向于采用病虫害综合防治技术，而不愿意采用滴灌技术。加入设施保险对农户秸秆综合利用技术的采用行为具有显著的正向影响，这与理论分析结果相一致，说明农户面临的不确定性风险越低，则其采用低碳生产技术的行为意愿也就越高。农户的风险态度对滴灌技术的采用行为具有显著的负向影响，而对测土配方施肥技术的采用行为具有显著的正向影响。滴灌技术目前已相对成熟，且农户可以配合使用多种灌溉方式，其采用风险较低；而测土配方施肥技术目前还处于推广阶段，采用风险较高。因此，风险偏好程度低的农户一般倾向于采用滴灌技术，而不采用测土配方施肥技术。

（3）农户的主观规范因素对低碳生产技术采用行为的影响。政府补贴对病虫害综合防治技术的采用行为具有正向影响，且在 1% 的显著性水平上通过了统计检验。这与理论分析结果一致，说明政府的认同和支持对农户采用低碳生产技术的行为具有促进作用。加入蔬菜专业合作社对农户采用滴灌技术行为具有显著的正向影响，而对测土配方施肥技术的采用行为具有显著的负向影响，这可能是由于蔬菜专业合作社更倾向于推荐社员采用风险较低的滴灌技术，而不鼓励具有较高采用风险的测土配方施肥技术。

（4）农户的支付能力因素对低碳生产技术采用行为的影响。有无贷款需求对滴灌技术的采用行为具有负向影响，且在 1% 的显著性水平上通过了统计检验。有贷款需求的农户在一定程度上受到了资金的流动性约束，有无贷款需求对滴灌技术采用行为具有显著的负向影响说明资金的流动性约束对农户低碳生产技术的采用行为具有不利影响。

（5）农户的学习能力因素对低碳生产技术采用行为的影响。户主的性别对病虫害综合防治技术的采用行为具有显著的负向影响，说明女性户主更倾向于采用低碳生产技术。这与邢美华等（2009）的研究结论一致，女性对环境保护的认知度高于男性，从而更愿意采用环境友好型的农业生产技术。户主的年龄对秸秆综合利用技术的采用具有显著的正向影响，户主的受教育程度对测土配方施肥技术的采用行为具有显著的正向影响，参加技术培训对病虫害综合防治技术的采用行为具有显著的正向影响，从事蔬菜生产的年限对采用测土配方施肥技术具有显著的正向影响。这与实际经验相一致，户主的年龄越大，从事蔬菜生产的年限越长，其积累的蔬菜生产经验越丰富；户主的受教育程度越高，受到的技术培训越多，则其对低碳生产技术的学习能力也较强。

综上所述，农户的行为态度、知觉行为控制、主观规范、支付能力和学习能力等因素均会对低碳生产技术的采用行为产生显著影响，与理论分析结果相一致。这说明农户的行为意愿和行为能力均是农户低碳生产技术采用行为最终发生的潜在决定因素，从而理论分析框架中所构建的农户低碳生产技术采用行为作用机理的有效性得到了实证检验的支持。

6.4　本章小结

本章基于理性小农假说，推出农户低碳生产技术采用行为发生所必须满足的条件。然后，根据计划行为理论并对其进行扩展，构建了农户低碳生产技术采用行为的理论分析框架。最后，以环渤海地区五省市 515 个蔬菜种植户的有效调查数据，运用 Multivariate Probit 模型对农户采用多项低碳生产技术的关联效应和影响因素进行了实证分析。研究结果表明：

第一，农户在采用不同的低碳生产技术时存在关联性，且滴灌技术的采用与测土配方施肥技术、病虫害综合防治技术和秸秆综合利用技术的采用行为之间均存在显著的替代效应，测土配方施肥技术的采用行为与病虫害综合防治技术及秸秆综合利用技术的采用行为之间亦存在显著的替代效应。

第二，农户对可持续农业的认知、农户对低碳农业的认知、农户对低碳生产技术的满意度、家庭蔬菜种植面积、加入蔬菜生产保险与否、政府补贴、户主年龄、户主受教育年限、参加技术培训的次数、从事蔬菜种植的年限等因素对农户低碳生产技术的采用具有显著的正向影响，而农户贷款需求、户主性别对农户低碳生产技术的采用具有显著的负向影响。

第三，农户的行为态度、知觉行为控制、主观规范、支付能力和学习能力等因素均会对低碳生产技术产生显著影响，说明农户的行为意愿和行为能力均是农户低碳生产技术采用行为最终发生的潜在决定因素，从而理论分析框架中所构建的农户低碳生产技术采用行为作用机理的有效性得到了实证检验的支持。

根据上述研究结论本书提出如下有利于农业生产低碳化的政策建议：

第一，农业低碳生产技术的推广应综合考虑农户采用行为的关联效应，对于存在替代效应的低碳生产技术或管理措施，应根据政策目标和农户意愿有甄别地进行推广。

第二，低碳生产技术采用行为激励政策的制定应切实注意到农户采用不同低碳生产技术影响因素的差异性，针对不同的技术措施制定不同的激励政策。

第三，推行农业生产低碳化既要充分尊重农户采用低碳生产技术的行为意愿，又要充分考虑当地农户的支付能力和学习能力，切忌强制推行，脱离实际。

第7章　蔬菜生产低碳化的支付意愿分析

前述第6章对蔬菜种植户的低碳生产技术采用行为及其影响因素进行了实证研究，分析了微观农户在进行蔬菜生产时是否采用低碳生产技术，以及是什么因素影响了蔬菜种植户对低碳生产技术的采用。本章在前章的基础上分析蔬菜种植户对低碳技术的支付意愿及其影响因素，即探讨农户愿意为实施蔬菜生产低碳化花多少钱购买和使用低碳生产技术，以及是什么影响了蔬菜种植户对低碳生产技术的支付水平的问题。农户低碳生产技术的采用行为是从微观层面实现农业低碳化的基本前提。然而，低碳生产技术的使用成本往往高于产量增加所带来的收入，从而导致农户对低碳生产技术的使用意愿不足（祝华军等，2012）。根据笔者2015年对环渤海地区五省市蔬菜种植户的实地调查结果，在蔬菜生产中滴灌、测土配方施肥、病虫害综合防治和秸秆综合利用等四项低碳生产技术的采用率分别为44%、35%、63%和31%；除病虫害综合防治外，其余各项低碳生产技术的采用率均不到50%。近年来，国家为了推进农业低碳化发展进程也对滴灌、测土配方施肥和秸秆还田等多项农业低碳生产技术进行了补贴。但现行的补贴标准能否有效激励蔬菜种植户采用低碳生产技术？蔬菜种植户对低碳生产技术的支付意愿及支付水平如何，以及影响蔬菜种植户对低碳生产技术的支付意愿及支付水平的关键影响因素是什么？这些问题无疑是制定和完善农业低碳生产技术补贴政策的关键之所在。因此，探讨蔬菜种植户对农业低碳生产技术的支付意愿及影响因素能够为蔬菜低碳生产技术补贴标准的制定和完善提供参考，同时对农业低碳生产技术的推广亦具有重要的政策启示。

7.1 生态服务价值支付意愿的研究进展

目前关于生态环境服务价值支付意愿的研究主要集中在以下四个方面：一是对流域生态补偿支付意愿的研究。基于条件价值评估法（CVM），葛颜祥等（2009）运用 Logit 模型和多元线性回归模型对黄河流域山东省农村居民补偿上游居民的支付意愿及影响因素进行了分析；郑海霞等（2010）利用 Ordered Probit 模型和 Probit 模型分别对金华江流域居民环境服务价值的最大支付意愿和支付方式的影响因素进行了分析；乔旭宁等（2012）运用皮尔逊相关系数和多元线性回归方法对渭干河流域居民对其生态系统服务价值的支付意愿及影响因素进行了分析。二是对环境保护与环境修复支付意愿的研究。基于 CVM，冯庆等（2008）采用皮尔逊相关系数法分析了北京市密云水库饮用水源保护区农户对改善村镇卫生环境的支付意愿及其影响因素；靳乐山等（2011）运用 Logit 模型对西双版纳州纳板河自然保护区居民对环境保护的支付意愿、支付方式及影响因素进行了分析；周力等（2012）通过多元线性回归模型分析了江苏省生猪养殖户对沼气池建设的支付意愿及其影响因素，并结合碳减排压力指数对相关补贴政策的效果进行了评价。另外，邹颜等（2010）根据河南省淅川县 15 个村庄的调查数据，运用 Logit 模型分析了农户生活垃圾集中处理支付意愿的影响因素；何可等（2013）根据湖北省农村地区的调查数据，运用 Logit 模型对农户对农业废弃物资源化处理支付意愿的影响因素及差异性进行了分析。三是对农田、草原、森林、湖泊、湿地等生态系统服务功能支付意愿的研究。基于 CVM，诸培新等（2010）运用 Tobit 模型和 Double Hurdle 模型分别对南京市城乡居民对农田生态服务价值的支付意愿及影响因素进行了分析；黄蕾等（2010）运用相关分析法和 Probit 模型对洪泽湖生态服务功能的支付意愿及影响因素进行了分析；于文金等（2011）运用相关分析法和 Ordered Probit 模型对太湖湿地生态功能恢复的支付意愿及相关因素进行了分析；席利卿等（2015）运用 Tobit 模型对广东省水稻种植户对农业面源污染防控的最高支付意愿及其影响因素进行了分析。四是对生态农产品支付意愿的研究。基于 CVM，周应恒等（2012）采用 Logit 模型对城

市消费者对低碳猪肉的支付意愿及影响因素进行了分析；应瑞瑶等
（2012）运用多元线性回归模型对城市居民对低碳猪肉的支付意愿、购买
动机及其影响因素进行了分析。另外，帅传敏等（2013）基于碳标签情景
实验数据，运用单因素方差分析和 Logit 模型对不同地区与不同类型的消费
者对低碳产品的支付意愿及影响因素进行了分析。

综上所述，对生态环境服务价值支付意愿的已有研究多数是基于 CVM
进行的，而针对支付意愿影响因素的分析方法则多种多样，主要包括多元
线性回归模型、Logit 模型、Probit 模型、Ordered Probit 模型、Tobit 模型和
Double Hurdle 模型。Logit 模型和 Probit 模型仅能对受访者是否具有支付意
愿的影响因素进行分析，Ordered Probit 模型能够对离散有序的支付水平的
影响因素进行分析，而多元线性回归模型则适用于对受访者连续支付水平
的影响因素进行分析。如果受访者是否具有支付意愿（是否愿意付费）和
支付水平（愿意付多少费）具有相同的影响因素，则 Tobit 模型适合对这
种含零支付值的受访者的支付意愿及支付水平的影响因素进行分析；如若
受访者是否愿意付费和愿意付多少费的影响因素并不完全相同，则应该选
择 Double Hurdle 模型进行影响因素分析。然而，上述提到的影响因素分析
方法均是建立在受访者的支付意愿为一确定值基础之上的。但是，在运用
CVM 对受访者的支付意愿进行调查时往往并不能够得到某一确定值，而只
能得到受访者支付意愿所在的区间范围。这种样本类似于生存分析法中的
删失数据，因此运用生存模型能够更好地对受访者的支付意愿及影响因素
进行分析。

7.2　低碳技术支付意愿及影响因素的研究方法

7.2.1　调查方法

CVM 通过构建假想市场对准公共品的市场价值进行评估。农户采用低
碳生产技术能够有效降低农业生产过程中产生的碳排放，对改善农田系统
生态环境具有重要作用，但却不能获得生态环境改善所带来的全部好处。
因此，农业低碳生产技术具有典型的准公共物品属性，可以通过 CVM 对

农户使用农业低碳生产技术的支付意愿（willingness to pay，WTP）进行评估①。CVM 主要通过问卷调查的方式了解受访者对某项公共物品或服务的支付意愿。CVM 的询价方式包括开放式询价法（open – ended bidding）和封闭式询价法（close – ended bidding）。前者直接询问受访者为购买某公共物品或服务所愿意支付的最低金额，而后者则要求受访者在面对访问者给定的某公共物品或服务的具体价格时明确回答"愿意"或者"不愿意"购买，故又称为二分选择式询价法。由于后者更能准确地界定受访者的支付意愿范围和提供有效率的估计参数（Hanemann et al.，1991），本研究拟采用 CVM 的二分选择式询价法对农户采用农业低碳生产技术的支付意愿进行问卷调查，其设计模式如图 7 – 1 所示。

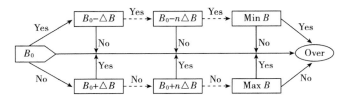

图 7 – 1　CVM 的二分选择式询价法设计模式

如图 7 – 1 所示，受访者在给定的基准支付水平 B_0 上回答"愿意"或者"不愿意"购买某公共物品及服务。如果回答"愿意"，则询问其在更低支付水平 $B_0 - \Delta B$ 上是否愿意，直到受访者回答"不愿意"或者达到最低支付水平 $\mathrm{Min}B$ 时停止；如果在基准支付水平上回答的是"不愿意"，则询问其在更高支付水平 $B_0 + \Delta B$ 上是否愿意，直到受访者回答"愿意"或者达到最高支付水

①　在运用 CVM 设计调查问卷来评估私人购买和消费(准)公共物品时给社会所造成的外部性问题时既可以针对支付意愿(WTP)，也可以针对受偿意愿(willingness to accept，WTA)。以蔬菜种植户采用农业低碳生产技术为例进行说明：若针对支付意愿，是指蔬菜种植户愿意为购买和使用农业低碳生产技术花多少钱，支付意愿与实际购买该低碳生产技术的价格之间的差额就可被看作农户承担的额外成本；若针对受偿意愿，则是指蔬菜种植户愿意接受多少补偿才会购买和使用农业低碳生产技术，受偿意愿与实际购买该低碳生产技术的价格之间的差额即为农户使用低碳生产技术对社会造成的正外部性。根据外部性与公共物品理论，只有对购买和使用农业低碳生产技术的农户所承担的额外成本进行等额的补偿才能使农户采用低碳生产技术时的外部性内部化，整个社会才会实现帕累托最优。由于询问农户对购买农业低碳生产技术的支付意愿与农户平时购买农业生产资料时的情景更相似，为了营造更为真实融洽的实地调研环境，笔者在设计调查问卷时针对的是支付意愿。

平 MaxB 时停止。如此追踪询问多次便可得到受访者愿意接受的真实支付意愿。需要说明的是,利用 CVM 的二分选择式询价法测算 WTP 时需要预先设定一个基准支付水平,其他支付水平均可以基准支付水平为中心向两端同比例等跨度进行延拓获得。为了使基准支付水平尽量接近农业低碳生产技术的采用成本,基准支付水平一般需要通过对目前已经采用相关农业低碳生产技术的农户进行预调研确定。

7.2.2 模型构建

通过 CVM 的二分选择式询价法并不能得到受访者对某公共物品或服务支付意愿的确定值,而只能得到受访者支付意愿所在的区间范围。由于受访者对具有正外部性的公共物品及服务的支付意愿不可能为负,则由图 7-1 可知任一受访者的支付意愿均落在 $[0, \mathrm{Min}B)$,…,$[B_0 - \Delta B, B_0)$ 或者 $[B_0, B_0 + \Delta B)$,…,$[\mathrm{Max}B, +\infty)$ 的某一个区间内。其中,落在区间 $[\mathrm{Max}B, +\infty)$ 内的样本被称为右截尾样本,而落在其他区间内的样本称为完整区间样本。这种样本类似于生存分析法中的删失数据,由于 Cox 比例风险模型是按经验方式对模型参数进行估计的,无需对受访农户支付意愿的样本分布类型做任何预先假定,因而在应用上更具有广泛性和灵活性(An, 2000)。鉴于此,本书拟采用 Cox 比例风险模型对受访者支付意愿的影响因素进行实证分析。该模型的基本方程式可以表示为:

$$h(b, X) = h_0(b) e^{\beta' X} \tag{7-1}$$

上式表示受访者在支付水平为 b 时暴露于影响因素向量 $X = (x_1, x_2, \cdots, x_k)$ 下的风险率,其具体含义是指该名受访者在面对支付水平 b 时受相关因素 $X = (x_1, x_2, \cdots, x_k)$ 的影响选择"不愿意"购买某公共物品或服务的可能性。$h_0(b)$ 为 $x = 0$ 时的基线风险率,表示在不受任何影响因素的影响时受访者面对支付水平 b 时的风险率。$\beta = (\beta_1, \beta_2, \cdots, \beta_k)$ 是影响因素向量 $X = (x_1, x_2, \cdots, x_k)$ 的系数向量,为模型的待估参数。将式(7-1)两边分别除以基线风险 $h_0(b)$ 可得:

$$\frac{h(b, X)}{h_0(b)} = e^{\beta' X} \tag{7-2}$$

上式表示受访者在受到相关因素 X 影响时的风险率相对于基线风险率

的风险比（hazard ratio，HR）。回归系数 β 的估计值为负，相应的风险比小于1，说明影响因素的正向变化能够降低风险比，继而受访者在支付水平为 b 时愿意购买的可能性会增加 $1 - e^{\beta'X}$，说明影响因素与支付意愿正相关；反之，回归系数 β 的估计值为正，相应的风险比大于1，说明影响因素的正向变化能够增加风险比，则受访者在支付水平为 b 时愿意购买的可能性会减少 $e^{\beta'X} - 1$，说明影响因素与支付意愿负相关。另外，由式（7-2）容易看出，受访者个体的风险比仅与影响因素 X 有关，并不随支付水平 b 的变化而变化。因此，在 Cox 比例风险模型中，支付水平 b 与解释变量 X 之间并不存在交互作用。对式（7-2）两边取对数可得：

$$\ln\left[\frac{h(b,X)}{h_0(b)}\right] = \beta'X \qquad (7-3)$$

上式为 Cox 比例风险模型的参数形式，由于其对基线风险率 $h_0(b)$ 的具体函数形式没有要求，因此在对模型参数进行估计时并不需要对样本分布做特定假设，从而扩大了其应用范围。Cox 比例风险模型的参数估计值可以通过偏极大似然估计法得到[①]，运用 STATA 统计软件可以对其进行有效分析。

7.2.3 变量设定

农户对低碳生产技术的支付意愿主要体现在其对农业低碳生产技术的购买意愿及支付水平上。本书第6章已经对蔬菜生产过程中农户采用较为普遍的适用性农业生产技术进行了详细介绍，并对蔬菜种植户采用这些低碳生产技术的状况、行为及影响因素进行了分析。基于第6章的研究成果及为了章节的前后呼应，本章模型（7-3）的被解释变量设定为农户对滴灌技术的支付意愿、农户对测土配方施肥技术的支付意愿、农户对病虫害综合防治技术的支付意愿和农户对秸秆综合利用技术的支付意愿。蔬菜种植户对上述农业低碳生产技术的支付意愿受到诸多相关因素的影响，根据蔬菜生产的实际情况和参考相关研究成果（葛颜祥等，2009；何可，2013；席利卿等，2015），影响农户对农业低碳生产技术等生态友好型和环境保护型产品的支付意愿的因素大致包括农户的个人特征变量、农户的

---

① 具体推导和求解过程可参考 Cox(1972) 的研究成果。

家庭特征变量、农户的生产特征变量和农户的社会特征变量等四种类型的解释变量。

（1）农户的个人特征变量。蔬菜种植户的个人特征变量一般包括户主性别（SEX）、户主年龄（AGE）和户主受教育程度（EDU）。诸多研究表明，被调查的个人特征对环境保护型农业生产技术、公共环境资源和生态农产品等生态服务性产品或服务的支付意愿具有重要的影响（Poudel et al.，2009；崔峰等，2012；唐学玉等，2012）。

（2）农户的家庭特征变量。蔬菜种植户的家庭特征变量一般包括家庭蔬菜收入（TIV）、蔬菜收入比重（RVT）、能否获得信贷（DEL）。一般情况下，农户从事农业生产的经济规模越大，其对农业生态环境的改善意愿也越强（葛继红，2011），因而家庭蔬菜收入越高、蔬菜收入比重越大的农户对农业低碳生产技术的支付意愿可能也越高。能够获得信贷的农户受到的资金流动性约束更小，拥有更强的支付能力，进而对农业低碳生产技术的支付意愿也可能更高。

（3）农户的生产特征变量。蔬菜种植户的生产特征变量一般包括蔬菜种植面积（VPA）、农户从事蔬菜生产的年限（VPY）、劳动力数量（LAB）、是否兼业（PTW）、对采用新技术的风险态度（HAT）。蔬菜种植面积越大，蔬菜生产在其农业生产中的地位也越重要，则蔬菜种植户对蔬菜生产新技术也越重视，从而对农业低碳生产技术的支付意愿也可能越高。农户从事蔬菜生产的年限在一定程度上反映了农户从事蔬菜生产经验的多寡，生产经验丰富的农户一方面对新技术的掌握更容易，但另一方面也可能过度依赖经验而对新技术采取保守态度，因此其对农业生产低碳技术支付意愿的影响方向尚不明确。劳动力数量越多说明家庭收入对蔬菜生产的依赖性越强，对低碳生产技术的支付意愿可能也越高；而兼业行为是农户对蔬菜生产和其他就业所得的权衡，因此兼业农户对农业低碳生产技术的支付意愿一般较低。对采用新技术的风险偏好反映了农户接受新技术时的态度，一般情况下风险偏好越强的农户对新技术的支付意愿也越高。

（4）农户的社会环境变量。蔬菜种植户的社会环境变量一般包括政府补贴情况（SUB）、是否加入蔬菜专业合作社（VCO）、农户对低碳农业的认知（*LAC*）、参加技术培训次数（*NTT*）。政府的补贴情况代表着政府对农业低碳生产技术的基本态度，对农业低碳生产技术进行补贴能够使农户对该技术产生积极稳定的心理预期，进而对农业低碳生产技术的支付意愿也会越高。蔬菜专业合作社是农户获得蔬菜生产技术和进行蔬菜销售的重要渠道，因此加入蔬菜专业合作社的农户获得新技术的能力更强，同时在化学品投入方面受到合作社组织的约束也越多，进而对低碳生产技术的支付意愿也越高。另外，农户对低碳农业的认知程度越高，一般其对农业低碳生产技术的支付意愿也应该越高；而农户参加技术培训的次数越多，其对新技术的了解和学习能力也越强，进而对农业低碳生产技术的支付意愿也越高。

7.3 低碳技术支付意愿及影响因素的实证分析

7.3.1 统计性描述分析

本章实证研究部分的数据来源于 2015 年对环渤海地区山东省、辽宁省、河北省、北京市、天津市等五省市蔬菜种植户的分层抽样调查，经过初步整理后共获得 524 份有效调研问卷。为降低受访农户理解偏差对答卷质量的影响，实地调研中采取一对一访谈的方式进行，并由经过岗前培训的调研员当场填写问卷。但通过对所得 524 份调研问卷进行进一步的分析后发现，其中有 33 份问卷缺少农户对各种农业低碳生产技术的支付意愿或本章研究所需要的其他关键性指标如蔬菜收入占家庭总收入比重、对采用新技术的风险态度、是否知道低碳农业等。出于科学研究的谨慎性考虑，删除 33 份关键指标缺失问卷，最终获得能够满足本章研究所需指标的样本 491 个，有效率为 93.70%。各影响因素变量的赋值方法及统计描述如表 7 - 1 所示。

表 7 - 1　解释变量的赋值方法及统计描述

变量符号		变量赋值方法	平均值	标准差	最小值	最大值
个人特征	*SEX*	户主性别：0 = 女；1 = 男	0.89	0.32	0	1
	AGE	户主的实际年龄（周岁）	49.06	9.33	25	78
	EDU	1 = 没上过学；2 = 小学；3 = 初中；4 = 高中；5 = 大专及以上	2.90	0.68	1	5

变量符号		变量赋值方法	平均值	标准差	最小值	最大值
家庭特征	TIV	年蔬菜收入	6.68	5.47	0.2	45
	RVT	蔬菜收入占家庭总收入的比重	0.83	0.24	0.03	1
	DEL	能否获得信贷：0 = 无；1 = 有	0.26	0.44	0	1
生产特征	VPA	蔬菜的实际种植面积	6.12	7.31	0.5	70
	VPY	实际从事蔬菜生产的年数	16.92	8.21	2	40
	LAB	从事蔬菜生产的家庭劳动力人数	2.12	0.67	1	6
	PTW	是否兼业：0 = 否；1 = 是	0.26	0.44	0	1
	HAT	1 = 风险厌恶型；2 = 风险中立型；3 = 风险偏好型	2.01	0.81	1	3
社会环境	SUB	是否有政府补贴：0 = 否；1 = 是	0.53	0.50	0	1
	VCO	是否加入合作社：0 = 否；1 = 是	0.47	0.50	0	1
	LAC	是否知道低碳农业：0 = 否；1 = 是	0.25	0.43	0	1
	NTT	实际参加技术培训的次数	5.13	8.68	0	60

　　由表 7 - 1 可知，户主的性别以男性为主，占被调查农户的 89%。户主的平均年龄约为 49 岁，最小 25 岁，最大 78 岁，对于从事劳动密集型的蔬菜生产来说已经相对高龄化。户主的平均受教育程度接近初中水平，且相对集中。受访农户家庭的年蔬菜收入为 6.68 万元，蔬菜收入占总收入的比重平均为 83%，说明蔬菜种植户对蔬菜收入的依赖性较强。26% 的受访农户表示有贷款需求，在蔬菜生产时受到了资金的流动性约束。受访者平均蔬菜种植面积为 6.12 亩，种植规模较小但农户间的经营规模差异很大，最小为 0.5 亩，而最大规模达到了 70 亩。受访农户从事蔬菜生产的平均年限约为 17 年，说明被调查蔬菜种植户大多具有丰富的蔬菜种植经验。从事蔬菜生产的家庭劳动力户均约为 2 人，且 26% 的农户具有兼业行为。农户采用新技术的风险态度平均值为 2.01，说明绝大多数蔬菜种植户对采用新技术的风险态度是保持中立的。53% 的受访农户表示获得过政府的蔬菜生产补贴，加入蔬菜专业合作社的种植户占被访问农户的 47%。受访农户对低碳农业的了解较少，知道低碳农业的蔬菜种植户仅占被调查农户的 25%。被调查农户参加蔬菜生产技术培训的次数平均约为 5 次，但在蔬菜

种植户之间的差异性较大。

7.3.2 低碳技术的支付意愿分析

由前文分析可知,农户对农业低碳生产技术的支付意愿均落在一个左闭右开的区间内。通过对491个有效样本做进一步筛选,蔬菜种植户对滴灌技术、测土配方施肥技术、病虫害综合防治技术和秸秆综合利用技术具有支付意愿的样本分别为402个、452个、307个和378个,分别占有效样本数的81.87%、92.06%、62.53%和76.99%。由此可以看出,环渤海地区蔬菜种植户对滴灌和测土配方施肥等"增产增效型"低碳生产技术的采用意愿比较高,而对病虫害综合防治和秸秆综合利用等"环境保护型"低碳生产技术的采用意愿相对较低。环渤海地区蔬菜种植户对各低碳生产技术的支付意愿分布情况如表7-2所示。

表7-2 蔬菜种植户对低碳生产技术的支付意愿分布

滴灌技术				测土配方施肥技术			
WTP区间/ (元/亩)	样本频数/ 个	样本频率/ %	累计频率/ %	WTP区间/ (元/亩)	样本频数/ 个	样本频率/ %	累计频率/ %
[0, 200)	168	41.79	41.79	[0, 20)	164	36.28	36.28
[200, 300)	30	7.46	49.25	[20, 30)	33	7.30	43.58
[300, 400)	38	9.45	58.71	[30, 40)	19	4.20	47.79
[400, 500)	24	5.97	64.68	[40, 50)	30	6.64	54.42
[500, 600)	44	10.95	75.62	[50, 60)	55	12.17	66.59
[600, 700)	33	8.21	83.83	[60, 70)	39	8.63	75.22
[700, 800)	18	4.48	88.31	[70, 80)	31	6.86	82.08
[800, 900)	7	1.74	90.05	[80, 90)	10	2.21	84.29
[900, 1000)	5	1.24	91.29	[90, 100)	15	3.32	87.61
1000以上	35	8.71	100	100以上	56	12.39	100
合计	402	100	—	合计	452	100	—
病虫害综合防治技术				秸秆综合利用技术			
WTP区间/ (元/亩)	样本频数/ 个	样本频率/ %	累计频率/ %	WTP区间/ (元/亩)	样本频数/ 个	样本频率/ %	累计频率/ %
[0, 10)	103	33.55	33.55	[0, 50)	210	55.56	55.56
[10, 20)	25	8.14	41.69	[50, 60)	19	5.03	60.58

病虫害综合防治技术				秸秆综合利用技术			
WTP 区间/（元/亩）	样本频数/个	样本频率/%	累计频率/%	WTP 区间/（元/亩）	样本频数/个	样本频率/%	累计频率/%
[20，30)	37	12.05	53.75	[60，70)	13	3.44	64.02
[30，40)	28	9.12	62.87	[70，80)	15	3.97	67.99
[40，50)	31	10.10	72.96	[80，90)	37	9.79	77.78
[50，60)	33	10.75	83.71	[90，100)	30	7.94	85.71
[60，70)	7	2.28	85.99	[100，110)	11	2.91	88.62
[70，80)	12	3.91	89.90	[110，120)	7	1.85	90.48
[80，90)	11	3.58	93.49	[120，130)	10	2.65	93.12
90 以上	20	6.51	100	130 以上	26	6.88	100
合计	307	100	—	合计	378	100	—

由表 7-2 可知，蔬菜种植户对滴灌技术的平均支付意愿为 385.60 元/亩，其中 41.79% 的受访农户对该低碳生产技术的支付意愿低于 200 元/亩，而高于基准支付水平 600 元/亩的受访农户仅占 24.38%，另有 8.71% 的受访农户对滴灌技术的支付意愿高于 1000 元/亩。蔬菜种植户对测土配方施肥技术的平均支付意愿为 45.40 元/亩，其中 36.28% 的受访农户对该低碳生产技术的支付意愿低于 20 元/亩，而高于基准支付水平 60 元/亩的受访农户仅占 33.41%，另有 12.39% 的受访农户对测土配方施肥技术的支付意愿高于 100 元/亩。蔬菜种植户对病虫害综合防治的平均支付意愿为 33.20 元/亩，其中 33.55% 的受访农户对该低碳生产技术的支付意愿低于 10 元/亩，而高于基准支付水平 50 元/亩的受访农户仅占 27.04%，另有 6.51% 的受访农户对病虫害综合防治技术的支付意愿高于 90 元/亩。蔬菜种植户对秸秆综合利用的平均支付意愿为 55.52 元/亩，其中 55.56% 的受访农户对该低碳生产技术的支付意愿低于 50 元/亩，而高于基准支付水平 90 元/亩的受访农户仅占 22.22%，另有 6.88% 的受访农户对秸秆综合利用技术的支付意愿高于 130 元/亩。

根据上述分析，农户对低碳生产技术的支付意愿普遍偏低，各支付意愿的平均值均明显低于基准支付水平。如果政府按基准支付水平与平均支付意愿之间的差额对农户采用农业低碳生产技术进行补贴，即滴灌、测土配方施肥、病虫害综合防治和秸秆综合利用各项低碳生产技术的补贴标准分别为 214. 41 元/亩、14. 60 元/亩、16. 80 元/亩、34. 48 元/亩，则在基准支付水平上愿意采用各项农业低碳生产技术的农户比重将分别提高12. 69% ~ 14. 43% （88. 31% – 75. 62% = 12. 69%，90. 05% – 75. 62% = 14. 43%，其余计算方法类同）、8. 63% ~ 15. 49%、10. 75% ~ 13. 03% 和12. 70% ~ 15. 35%。

7.3.3 低碳技术支付意愿的影响因素分析

分别利用受访农户对滴灌、测土配方施肥、病虫害综合防治和秸秆综合利用各项低碳生产技术具有支付意愿的四组样本，并分别运用 STA-TA11. 2 统计软件对 Cox 比例风险模型进行稳健性回归分析，则各子模型的参数估计结果如表 7 – 3 所示。

由表 7 – 3 可知，四个子模型的偏似然比卡方统计量〔Wald chi2 (15)〕的值分别为 39. 38、32. 12、66. 68 和 56. 43，且均在 1% 的显著性水平上通过统计检验，这说明四个子模型的总体拟合效果均较好，影响因素变量对各模型因变量具有较强的解释力，具体分析如下：

（1）农户特征对低碳生产技术支付意愿的影响。户主性别与测土配方施肥技术及秸秆综合利用技术的支付意愿在 1% 的显著性水平正相关，且在其他条件不变时，男性户主比女性户主愿意购买测土配方施肥技术和秸秆综合利用技术的可能性分别高 26. 34% 和 28. 76%。户主的年龄与病虫害综合防治技术和秸秆综合利用技术的支付意愿分别在 1% 和 5% 的显著性水平上负相关，且在其他条件不变时，户主年龄每增加 1 岁，其愿意购买病虫害综合防治技术和秸秆综合利用技术的可能性将分别降低 1. 62% 和 1. 17%。

（2）农户家庭特征对低碳生产技术支付意愿的影响。家庭蔬菜收入与滴灌技术、病虫害综合防治技术和秸秆综合利用技术的支付意愿分别在5%、5% 和 1% 的显著性水平上正相关，与前文分析相一致；且在其他条件不变时，家庭蔬菜收入每增加 1 万元，其愿意购买滴灌技术、病虫害综

表 7 - 3　Cox 比例风险模型参数估计结果（Robust）

项目	滴灌技术的支付意愿			测土配方施肥技术的支付意愿			病虫害综合防治技术的支付意愿			秸秆综合利用技术的支付意愿		
	回归系数（β）	标准差（Std. Err.）	风险率（Haz. Ratio）	回归系数（β）	标准差（Std. Err.）	风险率（Haz. Ratio）	回归系数（β）	标准差（Std. Err.）	风险率（Haz. Ratio）	回归系数（β）	标准差（Std. Err.）	风险率（Haz. Ratio）
SEX	-0.1202	0.1347	0.8867	-0.3057***	0.0817	0.7366	-0.2543	0.1287	0.7754	-0.3392***	0.0792	0.7124
AGE	0.0068	0.0051	1.0069	0.0081	0.0052	1.0082	0.0161***	0.0063	1.0162	0.0117**	0.0046	1.0117
EDU	-0.0387	0.0595	0.9620	-0.0152	0.0654	0.9850	0.0580	0.0812	1.0597	-0.0155	0.0573	0.9846
TIV	-0.0228**	0.0116	0.9775	-0.0010	0.0093	0.9990	-0.0282**	0.0111	0.9722	-0.0350***	0.0094	0.9656
RVT	0.2964	0.3404	1.3450	-0.0357	0.2757	0.9649	0.6375	0.8931	1.8918	0.5897**	0.4579	1.8035
DEL	-0.0599	0.1034	0.9418	0.0640	0.1099	1.0661	-0.2532	0.1230	0.7763	-0.4056***	0.0686	0.6666
VPA	-0.0044	0.0044	0.9956	0.0076*	0.0044	1.0077	-0.0044	0.0047	0.9956	0.0014	0.0046	1.0014
VPY	-0.0185***	0.0061	0.9817	-0.0005	0.0061	0.9995	-0.0303***	0.0079	0.9702	-0.0079	0.0051	0.9921
LAB	-0.0411	0.0682	0.9598	0.0196	0.0531	1.0198	-0.0978	0.0814	0.9068	0.0570	0.0540	1.0587
PTW	-0.1560	0.1190	0.8556	-0.0440	0.1439	0.9569	-0.0190	0.2292	0.9812	-0.0296	0.1284	0.9708
HAT	-0.0988*	0.0511	0.9059	-0.0837	0.0491	0.9197	-0.0277	0.0599	0.9726	-0.0421	0.0488	0.9588
SUB	-0.2827***	0.0720	0.7537	-0.1949**	0.0726	0.8229	-0.2846***	0.0810	0.7523	-0.0096	0.0779	0.9904
VCO	-0.0253	0.0899	0.9750	0.0148	0.0904	1.0149	-0.2975***	0.0780	0.7427	-0.0672	0.0779	0.9350
LAC	0.0601	0.1122	1.0619	-0.0069	0.1067	0.9932	0.0184	0.1240	1.0185	0.0451	0.0994	1.0461
NTT	0.0041	0.0065	1.0041	0.0103*	0.0055	1.0104	0.0163**	0.0081	1.0164	0.0064	0.0062	1.0064
	Number of obs = 402			Number of obs = 452			Number of obs = 307			Number of obs = 378		
	Wald chi2(15) = 39.38			Wald chi2(15) = 32.12			Wald chi2(15) = 66.68			Wald chi2(15) = 56.43		
	Prob > chi2 = 0.0006			Prob > chi2 = 0.0062			Prob > chi2 = 0.0000			Prob > chi2 = 0.0000		
	Log pseudo likelihood = -1972.25			Log pseudo likelihood = -2192.63			Log pseudo likelihood = -1435.70			Log pseudo likelihood = -1885.45		

注：表中括号内的数值为标准差，***、**、* 分别表示 1%、5% 和 10% 的显著性水平。

合防治技术和秸秆综合利用技术的可能性将分别增加 2.25%、2.78% 和 3.44%。蔬菜收入比重与秸秆综合利用技术的支付意愿在 5% 的显著性水平上负相关，且在其他条件不变时，蔬菜收入在家庭总收入中的比重每增加 1 个百分点，农户愿意购买秸秆综合利用技术的可能性将降低 80.35%。这一结果与预期不符，可能是因为蔬菜收入比重越高家庭对蔬菜收入的依赖性越强，从而购买低碳生产技术的支付能力越差。能否获得信贷与秸秆综合利用技术的支付意愿在 1% 的显著性水平上正相关，与前文理论分析相一致；且在其他条件不变时，能够获得信贷的农户比不能获得信贷的农户愿意购买秸秆综合利用技术的可能性高 43.34%。

（3）家庭生产特征对低碳生产技术支付意愿的影响。蔬菜种植面积与测土配方施肥技术的支付意愿在 10% 的显著性水平上正相关，与前文理论分析相一致；且在其他条件不变时，蔬菜种植面积每增加 1 亩，农户愿意购买测土配方施肥技术的可能性将增加 0.44%。蔬菜种植年限与滴灌技术及病虫害综合防治技术的支付意愿在 1% 的显著性水平上正相关，且在其他条件不变时，蔬菜种植年限每增加 1 年，农户愿意购买滴灌技术和病虫害综合防治技术的可能性将分别增加 1.83% 和 2.98%。农户对采用新技术的风险态度与滴灌技术的支付意愿在 10% 的显著性水平上正相关，与前文分析一致；且在其他条件不变时，农户对采用新技术的风险偏好每增加 1 个等级，其愿意购买滴灌技术的可能性将增加 1.41%。

（4）社会环境对低碳生产技术支付意愿的影响。政府补贴与滴灌技术、测土配方施肥技术和病虫害综合防治技术的支付意愿分别在 1%、5% 和 1% 的显著性水平上正相关，与前文理论分析结果相一致；且在其他条件不变时，有政府补贴的农户比没有政府补贴的农户愿意购买滴灌技术、测土配方施肥技术和病虫害综合防治技术的可能性将分别高 24.63%、17.71% 和 24.77%。是否加入蔬菜专业合作社与病虫害综合防治技术的支付意愿在 1% 的显著性水平上正相关，与前文分析结果一致；且在其他条件不变时，加入蔬菜专业合作社的农户比没有加入蔬菜专业合作社的农户愿意购买病虫害综合防治技术的可能性高 25.72%。农户参加技术培训的次数与测土配方施肥技术和病虫害综合防治技术的支付意愿分别在 10% 和

5%的显著性水平上负相关，且在其他条件不变时，农户参加技术培训的次数每增加 1 次，其愿意购买测土配方施肥技术和病虫害综合防治技术的可能性将分别降低 1.04% 和 1.64%。这与预期不符，可能的原因是参加技术培训次数越多的农户越懂合理施肥和防治病虫，从而对测土配方施肥技术和病虫害综合防治技术的购买意愿越低。

另外，户主的受教育程度、家庭劳动力数量、是否兼业和农户是否知道低碳农业等解释变量在 10% 的显著性水平上均未通过统计检验，说明这些变量并不是影响农户对低碳生产技术的支付意愿的关键因素。受教育水平的提高虽然有利于农户认识到环境保护重要性，但同时也使其更加了解低碳农业的准公共物品特征及其外部性，从而导致受教育程度对低碳农业生产技术支付意愿的影响不显著，这与何可等（2013）的研究结论类似。从事蔬菜生产的劳动力数量及是否兼业是农户作为理性经济人，在其他资源禀赋既定的情况下对家庭劳动力要素进行优化配置的综合体现，其主要目的在于获得经济利益最大化，而对农业低碳生产技术支付意愿的影响还有待做进一步的考证。农户是否知道低碳农业对低碳生产技术的支付意愿没有显著的影响，可能是因为农户对环境保护的认知与实际行为之间存在偏差；农业低碳生产技术对生态环境所具有的正外部性往往导致农户的"搭便车"现象，这与郑海霞等（2010）的研究结论相一致。

7.4　本章小结

本章基于 CVM 的二分选择式调查方法及 Cox 比例风险模型，根据 2015 年环渤海地区五省市 491 个蔬菜种植户的实地调查数据对农户低碳生产技术的支付意愿及其影响因素进行了实证分析。主要研究结论概括如下：

第一，农户对滴灌、测土配方施肥、病虫害综合防治和秸秆综合利用等农业低碳生产技术的平均支付意愿分别为 385.60 元/亩、45.40 元/亩、33.20 元/亩和 55.52 元/亩。农户对各低碳生产技术的支付意愿普遍偏低，各支付意愿的平均值均明显低于基准支付水平；如果政府按基准支付水平与平均支付意愿之间的差额对农户采用农业低碳生产技术进行补贴，即滴灌、测土配方施肥、病虫害综合防治和秸秆综合利用各项低碳生产技术的补贴标准分别为 214.41 元/亩、14.60 元/亩、16.80 元/亩、34.48 元/亩，则在基准支付水平上愿意采用各项农业低碳生产技术的农户比重将分别提高 12.69% ~ 14.43%、8.63% ~ 15.49%、10.75% ~ 13.03% 和 12.70% ~ 15.35%。

第二，户主性别、家庭蔬菜收入、能否获得信贷、从事蔬菜生产的年限、农户采用新技术的风险态度、是否加入蔬菜专业合作社对农户采用低碳生产技术的支付意愿具有显著的正向影响，而户主年龄、家庭蔬菜收入比重、政府是否补贴、农户参加技术培训的次数对农户采用低碳生产技术的支付意愿具有显著的负向影响。

第三，影响农户对不同农业低碳生产技术支付意愿的关键因素具有差异性。具体而言，影响滴灌技术支付意愿的最主要因素是从事蔬菜生产的年限和政府是否补贴；而影响测土配方施肥技术支付意愿的最主要因素则是户主性别；影响病虫害综合防治技术支付意愿的关键因素主要包括户主年龄、从事蔬菜生产的年限、政府是否补贴和是否参加蔬菜专业合作社；而影响秸秆综合利用技术支付意愿的关键因素则主要包括户主性别、家庭蔬菜收入和能否获得信贷。

根据上述研究结论提出如下有利于促进农业生产低碳化的政策建议：

第一，加大对农业低碳生产技术的补贴力度，破除中低支付水平农户对农业低碳生产技术支付意愿偏低所形成的购买力障碍。

第二，根据关键影响因素制定可行举措，全面提高农户对农业低碳生产技术支付水平，如倡导蔬菜劳力年轻化，稳定蔬菜价格保障蔬菜收入，为蔬菜生产提供优惠信贷，鼓励农户加入蔬菜专业合作社等。

第三，针对不同的农业低碳生产技术制定不同的激励政策，充分了解影响农户对不同农业低碳生产技术支付意愿关键因素的差异性，既要从总体上抓住主要矛盾，又要具体问题具体分析，切忌搞"一刀切"，脱离实际。

第8章 蔬菜生产低碳化的生态补偿机制构建

构建蔬菜生产低碳化的生态补偿机制对于鼓励蔬菜种植户减少蔬菜生产过程中的碳排放和增加光合作用碳汇具有重要作用,是我国发展低碳蔬菜生产的重要保障。本章在对农田碳汇功能生态补偿的必要性、基本内涵及理论基础进行分析的基础上,试图从补偿主体、补偿标准和补偿方式等方面对我国蔬菜生产碳汇功能的生态补偿机制进行设计。

8.1 农田碳汇功能生态补偿的必要性

农业多功能性是农业及其发展的客观属性,发挥农业多功能性也是实现农业可持续发展的客观要求(尹成杰,2007)。在建设生态文明的进程中,不仅要关注农业的经济功能和社会功能,更要关注农业的生态功能,这是农业现代化的基本要义之一(许广月,2010)。由温室效应导致的全球气候变暖是当今人类面临的最为严峻的全球环境问题,不仅危及粮食安全,而且破坏生物多样性,进而危及整个生态系统安全。而绿色植物通过光合作用将空气中的二氧化碳转化成自身有机物仍然是生态圈碳循环中气态碳转化成固态碳的主要途径(Adams et al.,2002)。农田与森林、草原、湿地并称为地球陆地的四大生态系统,而农田碳汇则是陆地生态系统碳汇的重要组成部分(董恒宇等,2012)。全球农田的总面积约为170亿公顷,碳储量约为170pg①,超过全球陆地碳储量的10%(杨景成等,2003)。而且,农田生态系统碳库是全球碳库中最为活跃的部分之一,在人类进行耕

---

① pg 是质量单位,1pg = 10 亿吨。

作管理活动的干预下，农田土壤中的有机碳不断地发生变化，具有巨大的碳汇潜力，在应对全球气候变化中具有重要作用。中国拥有约18亿亩的耕地，这是极其重要的碳汇战略资源；通过农作物自身的光合作用和采用低碳农业生产技术，我国的农田生态系统具有巨大的固碳潜力（韩冰等，2005）。因此，我国农田生态系统在减少二氧化碳排放、缓解全球气候变暖方面具有重要作用。但农业的这种碳汇功能给生态系统带来的正外部效应并没有得到相应的经济补偿，致使人们往往过于关注农业的经济功能，而忽略了农业碳汇所具有的巨大的生态功能。长期以来，农业碳汇作为一种准公共物品而处于供给不足的状态。农作物的碳汇和一般商品一样凝结着无差别的人类劳动，具有一定的价值。因此，如果能够建立农田生态系统碳汇功能的生态补偿机制，不仅可以提高农作物的产量，保障我国的粮食安全，而且还能够提高农业碳汇的供给水平。另一方面，我国于2009年将二氧化碳排放作为硬性约束性指标纳入国民经济和社会发展的中长期规划，并计划，到2020年，单位国内生产总值二氧化碳排放比2005年下降40%~45%。在这种情况下，化肥、农药、农膜等农业生产资料的工业生产部门势必会面临越来越高的二氧化碳减排成本，从而进一步拉高农业生产资料的价格，最终导致农业生产成本也进一步升高。因此，如果农田生态系统碳汇功能的生态补偿机制缺失，则工业生产部门的减排成本也会部分转移到农业生产部门，这无疑将对我国农业低碳化和可持续发展构成重大威胁。

8.2　农田碳汇功能生态补偿的内涵及理论基础

生态补偿机制是指以保护生态环境和促进人与自然和谐发展为目的，根据生态系统服务价值、生态保护成本和发展机会成本运用政府和市场手段对生态保护利益相关者之间利益关系进行调节的公共制度（李文华等，2010）。根据上述生态补偿机制的概念，并结合蔬菜生产系统碳足迹碳排放和碳汇的特点，本节对农田碳汇功能生态补偿的基本内涵和理论依据进行分析。

8.2.1 农田碳汇功能生态补偿的基本内涵

生态系统服务功能是指生态系统与生态过程所形成及所维持的人类赖以生存的自然环境条件和效用（欧阳志云等，1999）。农田生态系统服务大致包括供应服务、调解服务、支撑服务和文化服务，而调解服务则是农田提供的最多样的服务，其中减少温室气体排放和增加生物及土壤固碳就是最为重要的调节服务之一（蔡银莺，2014）。农田作物及植被通过光合作用合成有机质，吸收大量二氧化碳，进而削弱温室效应，抵制全球气候变暖，具有显著的碳汇功能。目前，针对农田碳汇功能的"生态补偿"已经在美国、澳大利亚和哥斯达黎加等国家得以实施。生态补偿在国际上更为通用的叫法是"生态服务付费"（payment for ecological services，PES），这和我国的"生态补偿"（ecological compensation）内涵是一致的，均是指根据生态服务功能的价值向生态服务的提供者支付费用，用以弥补创造生态服务所需的成本或者使生态服务本身所具有的价值得以实现。因此，受益者付费，即生态效益的受益者应该向生态服务功能的供给者支付相应的费用，也就成为生态补偿的基本原则和分配依据。具体到蔬菜生产系统碳汇功能的生态补偿而言，就是要从该项生态服务受益的相关主体向提供该服务的蔬菜生产者进行付费。从经济本质上来看，农田碳汇功能的生态补偿实际上就是将农田生态系统提供的碳汇功能所具有的外部正效应内部化，并将这种正的外部效益在不同主体之间进行让渡，以实现经济利益再分配的过程。但碳汇本身所具有的公共物品的特性，使得这种生态服务的让渡难以在市场上有效实现。因此，外部性与公共物品理论也就构成了农田碳汇功能生态补偿的经济学理论基础。

8.2.2 农田碳汇功能生态补偿的理论基础

农业不仅具有经济价值，而且具有生态价值。农产品作为人类生存和发展最基础的必需品，其经济价值可以在农产品市场上通过交换直接实现。然而，由农田生态系统产生的碳汇所提供的生态服务具有非竞争性和非排他性的特征，是典型的纯公共物品，在农田碳汇功能生态补偿机制缺失的条件下容易引发搭便车行为；农田碳汇的生态服务价值因而难以充分实现。这就使得农业生产的社会效益大于农户所能够获得的私人效益，也就是说农业生产的碳汇功能具有显著的正外部性特征，如图 8 - 1 所示。

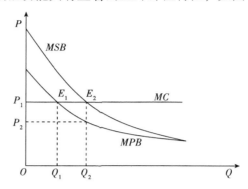

图 8 - 1　农业生产碳汇功能的外部经济性

根据图 8 - 1 可知，正外部性的存在使得农业生产的边际社会收益 MSB 大于边际个人收益 MPB。在农田碳汇功能的生态补偿机制缺失的条件下，农户仅能够获得农作物的经济价值所实现的个人收益，作为理性经济人的农户就会按照边际个人收益 MPB 等于边际成本 MC 的原则进行生产决策，以实现利润最大化，此时达到均衡时的农业产出水平是 Q_1。而要实现整个社会福利的帕累托最优，则必须遵循边际社会收益 MSB 等于边际成本 MC 的条件进行生产，此时达到新的均衡时的农业产出水平是 Q_2。因此，在农田碳汇功能生态补偿机制缺失的情况下，农业产出水平要小于实现整个社会福利达到帕累托最优时所决定的最优产出水平。农业生产正外部性的存在使得市场机制不能很好地发挥作用，不能通过价格机制来纠正成本与收益的偏差。因此，为了实现资源的最优配置和社会福利的帕累托最优，就必须通过政府的制度手段对农户从事农业生产而创造的碳汇所具有的生态服务价值进行付费或者进行经济补偿，使该公共物品所具有的正外部性内部化，从而纠正由搭便车行为所导致的市场失灵。

8.3　蔬菜生产碳汇功能的生态补偿机制构建

生态补偿机制的主体框架一般包括补偿主体与补偿客体的明晰、补偿标准的厘定和补偿方式的设计三个方面。其中，补偿主体与补偿客体是基础，补偿标准是关键，而补偿方式则是生态补偿机制有效运行的保障。本节在前文对农田碳汇功能生态补偿的基本内涵和理论依据进行分析的基础上，从补偿主体、补偿标准和补偿方式等方面构建我国蔬菜生产系统碳汇功能的生态补偿机制。

8.3.1　补偿主体

补偿主体的明晰是构建蔬菜生产系统碳汇功能生态补偿机制的基础。蔬菜生产系统碳汇功能的生态补偿主体主要是与蔬菜生产行为有着直接、密切利益关系的群体，包括权利主体和义务主体。生态补偿机制的权利主体是指生态系统服务的提供者，又称受偿者；生态补偿机制的义务主体则是指由于对生态系统服务的利用而受益的组织或个人，又称补偿者。根据"受益者付费"原则，生态补偿的义务主体补偿者理应向生态补偿的权利主体受偿者支付一定的费用，以使得生态服务的正外部性内部化。蔬菜生产系统所具有的碳汇功能属于农业生态服务的一种，因此基于碳汇功能的蔬菜生产系统的生态补偿义务主体应该是所有碳汇功能生态服务的受益者。由于碳汇功能主要是减少温室气体排放，从而有效抵制温室效应所导致的全球变暖，因此所有人都应该是该项生态服务的受益者。所以，中央政府作为全体公民的代表应该成为最主要的碳汇功能生态补偿的义务主体。另外，工业企业的生产活动产生了绝大多数的碳排放，是农业碳汇的最大受益者，因此也应成为该项生态服务重要的生态补偿义务主体。蔬菜生产系统的碳汇来自蔬菜生产过程，碳汇的形成凝结了蔬菜生产者无差别的人类劳动，因此基于碳汇功能的蔬菜生产系统的生态补偿权利主体是蔬菜种植户。

8.3.2　补偿标准

补偿标准的厘定是构建生态补偿机制的核心和难点，也是决定生态补偿机制可行性和有效性的关键。合理的补偿标准能够充分调动生态服务提供者参与生态保护的积极性，以获得足够的动力和能力来改变原来落后的生产方式，达到调整产业结构的目的。生态补偿标准的厘定是以内部化外部效益为原则的。借鉴粮食作物碳汇功能外部效益的计算方法（李颖等，

2014b)，蔬菜生产系统碳汇功能的外部效益可表示为该系统所产生的净碳汇量与碳交易市场碳汇价格的乘积，计算公式为：

$$R = CS \cdot CP \qquad\qquad (8-1)$$

上式中，R 表示净碳汇的外部效益(元)，CS 为净碳汇量，单位是千克碳当量（kgce）；CP 为碳汇价格，单位是元/kgce。

蔬菜生产系统既是碳汇也是碳源。一方面，通过蔬菜作物光合作用蔬菜生产系统可以产生碳汇；另一方面，蔬菜生产过程中化肥、农药、农膜等工业制品的投入也会产生碳排放。蔬菜生产系统的净碳汇量可以表示为蔬菜生产系统光合作用碳汇扣除总碳排放后的净固碳量，蔬菜生产系统碳排放、光合作用碳汇及净碳汇量的计算公式和相关参数可参见本书第3章公式（3-1）至公式（3-3）和表3-1，所需要的蔬菜生产系统投入产出数据均来自2015年对我国环渤海地区五省市（山东省、辽宁省、河北省、北京市和天津市）524个蔬菜种植户的实地调研。另外，根据中国碳排放交易网（www.tanpaifang.com）的碳交易数据，截至2013年12月31日，我国深圳、上海、北京、广东和天津五个碳交易试点二级市场的总成交量为44.55万吨，总成交额为2491万元，平均碳汇价格为每吨碳55.91元（约合0.06元/kgce）。根据上述数据和方法可以计算出我国环渤海地区五省市蔬菜生产系统碳汇功能的外部效益，也即补偿标准的厘定结果如表8-1所示。

表8-1　我国环渤海地区五省市蔬菜碳汇功能的生态补偿标准

项目	光合作用碳汇/ （kgce/亩）	总碳排放/ （kgce/亩）	净碳汇量/ （kgce/亩）	补偿标准/ （元/亩）
山东省	992.42	780.35	212.06	12.72
辽宁省	2103.43	1223.34	880.09	52.81
河北省	1124.93	641.73	483.20	28.99
北京市	867.54	353.24	514.30	30.86
天津市	1247.67	459.52	788.14	47.29
各省市平均	1267.20	691.64	575.56	34.53

由表8-1可知，我国环渤海地区蔬菜生产系统的碳汇功能生态补偿标

准平均为 34.53 元/亩，相应的净碳汇量平均为 575.56 kgce/亩。各省市蔬菜生产系统的碳汇功能的生态补偿标准辽宁省和天津市最高，北京市和河北省次之，而山东省最低，且各层次之间呈现出显著的差异性。蔬菜生产碳汇功能的生态补偿标准最高的是辽宁省，为 52.81 元/亩，相应的净碳汇量为 880.09kgce/亩；其光合作用碳汇和总碳排放在环渤海地区五省市中均是最高的。辽宁省位于我国东北部，设施蔬菜异常发达，是我国最早使用日光温室进行蔬菜生产的地区。设施蔬菜的集约化生产极大地提高了蔬菜产量，形成了更多的光合作用碳汇；但同时也需要化肥、农药、农膜等农业生产资料的密集投入，产生的碳排放也较多。天津市的生态补偿标准和净碳汇量均仅次于辽宁省，虽然天津市蔬菜生产形成的光合作用碳汇量接近于各省市平均水平，但其蔬菜生产的总碳排放却远低于各省市平均值，从而使得其蔬菜生产系统产生的净碳汇量较高。北京市和河北省的生态补偿标准略低于五省市平均值，虽然北京市蔬菜生产形成的光合作用碳汇是最低的，但其总碳排放也是最低的，在两者共同的作用下其净碳汇量略低于各省市平均水平；而河北省地处环渤海地区腹地，其蔬菜生产的光合作用碳汇和总碳排放均接近五省市平均水平。山东省是生态补偿标准最低的省份，仅为 12.72 元/亩，相应的净碳汇量为 212.06kgce/亩；主要原因是山东省蔬菜生产形成的光合作用碳汇量较低，而其产生的碳排放总量却显著高于各省市平均值。

8.3.3　补偿方式

选择交易成本低、兼顾公平与效率又易于操作的补偿方式是生态补偿机制能够有效运行的保障。从生态补偿机制的运作主体上看，生态补偿方式可分为以政府为主体的补偿方式和以市场为主体的补偿方式。出于公平性和执行操作的便利性，我国现行的生态补偿实践中多采用以政府为主体的补偿方式。两种生态补偿方式的运行机制如图 8-2 所示。

如图 8-2 所示，以政府为主体的补偿方式是一种具有强制性和行政命令式的生态补偿方式，根据补偿途径不同又可以分为资金补偿、实物补偿、技术补偿和政策补偿。政府的资金补偿实际上是政府向蔬菜种植户实

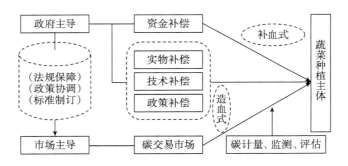

图 8 – 2　生态补偿方式运行机制

施的一种直接的财政转移支付，其实质是政府作为全体公民的代表购买碳
汇生态服务并无偿提供给所有使用者。由于资金补偿对受偿对象具有直接
受益性的特点，因此该补偿方式是农户最为乐意接受的生态补偿方式。但
资金补偿作为一种"补血式"的间接性的生态补偿方式，并不能对生态环
境的改善起到直接作用，且单个农户得到的补偿金额一般较少，对于农民
家庭的增收效果往往也不明显。因此，具有"造血功能"的实物补偿、技
术补偿和政策补偿应该得到足够重视。如通过向蔬菜种植户发放防虫板、
配方肥等实际物品可以减少农药、化肥的使用，直接帮助菜农减排增汇；
通过向农户无偿提供低碳生产技术培训可以提高蔬菜种植户的低碳生产意
识和低碳生产水平；通过对蔬菜主产区进行适当的政策倾斜可以为当地蔬
菜产业的发展提供持续动力。"造血式"的补偿方式虽然在一定程度上克
服了资金补偿所具有的增汇效果不佳和补偿资金过于分散的缺陷，但也面
临实物质量难以保障、技术培训形式化和优惠政策不够灵活等问题。采取
多种补偿方式相结合的方式能够克服单一补偿方式的缺陷，但往往需要更
为复杂的配套机制和高昂的管理运营成本。

　　以市场为主体的生态补偿方式是指在各类生态环境标准、法律法规和
政策规范的调控范围内，利用经济手段参与环境市场的产权交易。这种补
偿方式可以随时发现有价值的市场信息，发挥市场反应灵敏的优势，及时
作出理性决策，可以有效避免政府主导下的机会主义和有限理性等缺陷。
因此，创新生态补偿方式的设计理念，加强市场方式在农田生态补偿机制
中的作用，能够使得多种补偿方式的供给与差异化、个性化的补偿需求在

更高水平上保持动态平衡。我国已经建立了深圳、上海、北京、广州、天津、湖北和重庆七个碳交易试点的二级市场，并于 2017 年启动全国碳排放交易体系①。相关部门只需建立蔬菜生产系统净碳汇量的计量、监测和评估体系，并允许此部分碳汇以碳排放权的形式进入我国的碳交易市场进行自由交易，即可完成设施蔬菜生产系统碳汇功能生态补偿机制的市场化。另外，由于我国蔬菜种植户的生产规模一般较小，单个农户参与碳交易市场面临交易成本过高和信息租金的问题，因此以区域为单位或委托第三方农业经营组织参与碳交易市场是比较可行和值得探索的方法。

综上所述，针对蔬菜生产系统碳汇功能的生态补偿方式而言，以政府为主导的补偿方式与以市场为主导的补偿方式相比，其优势在于相对公平、操作简单和补偿方法多样；但其主要缺陷是不能够充分发挥市场价格机制对碳汇资源的优化配置作用。另外，以政府为主导的补偿方式也往往受制于政府的财政预算和较高的管理运营成本。因此，我国在逐步完善和构建全国碳排放交易体系的进程中，要更加重视以市场为主导的碳汇功能的生态补偿方式，使碳汇的市场价格成为调节蔬菜生产系统减排增汇的有效手段。

8.4　本章小结

建立蔬菜生产系统碳汇功能的生态补偿机制对于提高我国农田生态系统碳汇的供给水平和推动我国蔬菜生产低碳化与可持续发展具有重要作用。本章在对农田碳汇功能生态补偿的内涵进行界定和对补偿依据进行理论分析的基础上，从补偿主体、补偿标准和补偿方式等三个方面出发构建了蔬菜生产系统碳汇功能的生态补偿机制，并对我国环渤海地区五省市蔬菜生产系统碳汇功能的生态补偿标准进行了厘定。蔬菜生产系统碳汇功能的生态补偿的权利主体主要是蔬菜种植户，而义务主体则主要为中央政府。然后，通过核算该地区各省市蔬菜生产系统农田单位面积产生的光合作用碳汇量和生产要素投入产生的总碳排放量，得到蔬菜生产系统所形成

---

① 　资料来源：http://finance.ifeng.com/a/20151003/14004442_0.shtml。

的净碳汇量，并将其乘以我国碳交易市场的碳汇价格，以此作为该地区蔬菜生产系统碳汇功能的生态补偿标准。根据测算结果，我国环渤海地区蔬菜生产系统的碳汇功能生态补偿标准平均为34.53元/亩，相应的净碳汇量平均为575.56 kgce/亩。各省市蔬菜生产系统碳汇功能的生态补偿标准辽宁省和天津市最高，北京市和河北省次之，而山东省最低，且各层次之间呈现出显著的差异性。蔬菜生产碳汇功能的生态补偿标准最高的是辽宁省，为52.81元/亩，相应的净碳汇量为880.09kgce/亩；其光合作用碳汇和总碳排放在环渤海地区五省市中均是最高的。天津市蔬菜生产碳汇功能的生态补偿标准仅次于辽宁省，北京市和河北省略低于五省市平均水平，山东省最低，仅为12.72元/亩，相应的净碳汇量为212.06kgce/亩。但需要注意的是，我国碳交易市场的发展很不完善，存在着交易价格过低、开发项目领域过窄等问题。目前，我国碳交易市场的参与主体仍然以工业企业为主。工业行业之间的碳排放边际减排成本差异并不大，碳交易量和碳交易额均比较小，导致碳汇的市场价格持续低迷且波动较大，因此，根据目前我国碳交易市场碳汇价格厘定的补偿标准偏低。1980—2008年我国工业全行业碳排放的边际减排成本为每吨3.27万元（陈诗一，2010），而2011年我国农业碳排放的边际减排成本为1.91万元（吴贤荣等，2014）。由此推算，我国工业和农业碳排放的边际减排成本存在着约每吨1.36万元的显著差异；但2013年我国碳交易试点二级市场上的平均碳汇价格却仅为每吨55.91元。因此，将农业碳汇纳入碳交易市场不仅能够使碳汇的市场价格更好地反映供需状况，而且能够使我国农田碳汇功能的生态补偿标准更趋合理和补偿方式更为多样。

第9章　研究结论与政策建议

探索蔬菜生产的低碳化发展路径对保障我国蔬菜质量安全和改善生态环境均具有重要意义。针对已有研究关于蔬菜生产碳足迹、低碳化与生态补偿机制的成果偏少，且分析框架与研究方法不够系统之不足，本书将"蔬菜生产碳足迹—低碳化—生态补偿机制"相结合系统地研究了蔬菜生产低碳化的发展路径。在对蔬菜生产低碳化相关概念及相关理论进行界定和梳理的基础上，首先，运用生命周期法和多目标灰靶决策模型对我国环渤海地区五省市蔬菜生产系统的碳足迹进行了核算与评价；其次，运用环境方向性距离函数、联立方程组的 SUR 模型、Multivariate Probit 模型和 Cox 比例风险模型分别对蔬菜生产低碳化的边际效应、驱动因素，以及蔬菜种植户的低碳生产技术采用行为和支付意愿进行分析；最后，从补偿主体、补偿标准和补偿方式等方面构建了蔬菜生产低碳化的生态补偿机制。为保障全书的系统性，各章节实证部分的数据均来自 2015 年对我国环渤海地区五省市 524 个蔬菜种植户的实地调查数据。本章作为全书的结尾部分，主要对全书的研究结论进行总结与归纳，并根据相关研究结论提出促进我国蔬菜生产低碳化的对策建议。

9.1　主要研究结论

本研究的主体部分包括第 3 章至第 8 章共六章，分别从蔬菜生产的碳足迹、低碳化与生态补偿机制三个部分对蔬菜生产低碳化发展路径进行了探索。主要结论概括如下：

第一，从总体上看，我国环渤海地区五省市蔬菜生产系统的年亩均总碳排放量为 691.64 kgce，各生产投入品碳排放按从大到小的顺序排列为化肥、电力、农膜、农药和柴油，前三项合并贡献总碳排放的 96.03%，其中化肥投入所产生的碳排放占总碳排放的 70.89%，是蔬菜生产系统碳排放最主要的来源，说明目前蔬菜生产对化肥的依赖性仍然很强。亩均光合作用碳汇平均为 1267.20 kgce，远大于总碳排放，亩均净碳汇量为 575.56 kgce。从省域差异上看，蔬菜生产系统总碳排放和各生产资料投入所产生的碳排放在省域之间均存在较大差异；而光合作用碳汇除辽宁省远远高于其他各省市外，其余四省市的省域差异较小。在总碳排放和光合作用碳汇的共同作用下，不同省市亩均蔬菜种植面积上所产生的净碳汇在省域之间呈现出阶梯形的差异性：辽宁省、天津市最高，位于第三阶梯；北京市、河北省次之，属于第二阶梯；山东省最低，处于第一阶梯。

我国环渤海地区五省市蔬菜生产系统的土地碳强度为 1.04 kgce/m²，碳生态效率为 2.70，碳生产效率为 35.92 kg/kgce，碳经济效率为 45.50 元/kgce。碳生态效率和碳生产效率在不同省域之间呈现出阶梯形的差异性：北京市、天津市最高，位于第三阶梯；辽宁省、河北省次之，属于第二阶梯；山东省最低，处于第一阶梯。碳经济效率和土地碳强度在不同省域之间呈现出很大的差异性，碳经济效率最高的天津市是最低的山东省的 2.06 倍，而土地碳强度最高的辽宁省是最低的北京市的 3.45 倍。根据上述四种碳足迹评价指标对我国环渤海地区蔬菜生产系统的碳足迹进行综合评价，五省市按从优到劣的顺序排列为天津市、北京市、河北省、辽宁省和山东省，且天津市和北京市的碳足迹综合评价值远高于其他三个省份。这说明从蔬菜生产系统的生态功能、社会功能和经济功能的综合效益进行权衡，天津市和北京市远远优于河北省、辽宁省和山东省。

第二，我国环渤海地区五省市蔬菜生产碳排放的边际产出效应平均为 2.03 kg/kgce，各省市按从大到小的顺序排列为辽宁省、山东省、河北省、天津市和北京市，其中辽宁省和山东省的蔬菜生产碳排放的边际产出效应明显高于其他省市，说明辽宁省和山东省蔬菜生产低碳化对蔬菜产出的影响明显大于京津冀地区。各省市蔬菜生产碳排放的影子价格平均为 5.94 元/kgce，按从大到小的顺序排列为山东省、辽宁省、河北省、天津市和北京市，其中山东省和辽宁省蔬菜生产碳排放的影子价格远高于其余三省市，说明辽宁省和山东省蔬菜生产低碳化的边际减排成本远高于京津冀地区。蔬菜生产低碳化的环境技术效率北京市、天津市最高，河北省、山东省次之，而辽宁省最低，且在三个不同层次之间呈现出明显的阶梯形差异性。综合考虑蔬菜生产碳排放的影子价格和环境技术效率来看，北京市和天津市属于"低成本高效率"地区，说明该地区边际减排成本较低而环境技术效率较高；河北省属于"低成本低效率"地区，说明该地区边际减排成本和环境技术效率均较低；辽宁省和山东省属于"高成本低效率"地区，说明该地区边际减排成本较高而环境技术效率较低。"高成本高效率"说明该地区边际减排成本和环境技术效率均较高，但环渤海地区五省市均不属于这一类型。另外，2015 年我国环渤海地区蔬菜生产碳排放的环境成本按从高到低的顺序排列为辽宁省、山东省、河北省、天津市和北京市，分别为9146.32 元/亩、6133.55 元/亩、3471.76 元/亩、2389.50 元/亩和1264.60 元/亩，分别占到各自蔬菜生产总产值的 17.26%、26.72%、12.92%、8.60% 和 6.96%。蔬菜生产绿色产值按从大到小的顺序排列为辽宁省、天津市、河北省、北京市和山东省，分别为 44810.94 元/亩、25411.46 元/亩、23391.06 元/亩、16906.07 元/亩和 16824.35 元/亩。总体上看，环渤海地区蔬菜生产碳排放的平均环境成本为4521.15 元/亩，占总产值的比重平均为 14.49%。剔除环境成本后，各省市蔬菜生产的平均绿色产值为25468.77 元/亩。

第三，蔬菜生产低碳化的驱动因素主要包括：①资源禀赋因素，如土地投入、劳动投入、家庭总收入、蔬菜收入占家庭总收入的比重、户主性别及年龄等；②技术选择因素，具体是指蔬菜种植户采用的相关生产技术数目；③制度安排因素，具体是指蔬菜种植户受到政府给予的相关蔬菜生产补贴项目数量。具体而言，土地投入与蔬菜生产碳排放显著正相关而与蔬菜碳生产率显著负相关，说明土地投入无论从蔬菜生产碳排放方面看还是从蔬菜碳生产率方面看均对蔬菜生产低碳化具有显著的负向作用。劳动投入对蔬菜生产碳排放和蔬菜碳生产率均具有显著的正向作用，说明劳动投入从碳排放总量方面看对蔬菜生产低碳化具有负向作用，而从碳生产率方面看对蔬菜生产低碳化具有正向作用。家庭总收入对蔬菜生产碳排放和蔬菜碳生产率均具有显著的正向作用；家庭总收入从碳排放总量方面看对蔬菜生产低碳化具有负向作用，而从碳生产率方面看对蔬菜生产低碳化具有正向作用。蔬菜收入占家庭总收入的比重对蔬菜碳生产率均具有显著的正向作用，但对蔬菜生产碳排放的影响不显著，说明蔬菜收入占家庭总收入的比重从蔬菜碳生产率方面看对蔬菜生产低碳化具有显著的正向作用。户主的性别对蔬菜碳生产率均具有显著的正向作用，而对蔬菜生产碳排放的影响并不显著，说明户主的性别从蔬菜碳生产率方面看对蔬菜生产低碳化具有显著的正向影响。户主的年龄对蔬菜生产碳排放具有显著的负向作用，而对蔬菜碳生产率的影响不显著，说明户主的年龄从蔬菜生产碳排放方面看对蔬菜生产低碳化具有显著的正向影响。技术选择对蔬菜碳生产率具有显著的正向作用，而对蔬菜生产碳排放的影响并不显著，说明农户采用蔬菜种植技术从蔬菜碳生产率方面看对蔬菜生产低碳化具有显著的正向作用。政府补贴对蔬菜生产碳排放具有显著的负向作用，但对蔬菜碳生产率的影响并不显著，说明政府的补贴政策从蔬菜生产碳排放方面看对蔬菜生产低碳化具有显著的正向作用。

第四，蔬菜种植户在采用不同的低碳生产技术时存在关联性，且滴灌技术的采用与测土配方施肥技术、病虫害综合防治技术和秸秆综合利用技术的采用行为之间均存在显著的替代效应，测土配方施肥技术的采用行为与病虫害综合防治技术及秸秆综合利用技术的采用行为之间亦存在显著的替代效应。影响蔬菜种植户采用不同低碳生产技术的因素具有差异性，主要的影响因素包括对低碳农业及可持续农业的认知度、对低碳生产技术的效果满意度、家庭总耕地面积及蔬菜种植面积、农户的兼业行为、农户对新技术的风险态度、是否加入设施保险、政府补贴、是否加入蔬菜专业合作社及有无贷款需求、户主的性别、年龄、受教育程度以及参加技术培训的次数和从事蔬菜生产的年限等。其中：农户对可持续农业的认知、农户对低碳农业的认知、农户对低碳生产技术的满意度、家庭蔬菜种植面积、是否加入蔬菜生产保险、政府补贴、户主年龄、户主受教育年限、参加技术培训的次数、从事蔬菜种植的年限等因素对农户低碳生产技术的采用具有显著的正向影响；农户贷款需求、户主性别对农户低碳生产技术的采用具有显著的负向影响；而家庭总耕地面积、兼业行为、农户对新技术的风险态度、是否加入蔬菜专业合作社对农户低碳生产技术采用的影响方向不确定。这说明，蔬菜种植户的行为态度、知觉行为控制、主观规范、支付能力和学习能力等因素均会对低碳生产技术产生显著影响，蔬菜种植户的行为意愿和行为能力均是低碳生产技术采用行为最终发生的潜在决定因素，从而理论分析框架中所构建的蔬菜种植户低碳生产技术采用行为作用机理的有效性得到了实证检验的支持。

第五，蔬菜种植户对滴灌、测土配方施肥、病虫害综合防治和秸秆综合利用等农业低碳生产技术的平均支付意愿分别为 385.60 元/亩、45.40 元/亩、33.20 元/亩和 55.52 元/亩。蔬菜种植户对各项低碳生产技术的支付意愿普遍偏低，各支付意愿的平均值均明显低于基准支付水平；如果政府按基准支付水平与平均支付意愿之间的差额对农户采用农业低碳生产技术进行补贴，即滴灌、测土配方施肥、病虫害综合防治和秸秆综合利用各项低碳生产技术的补贴标准分别为 214.41 元/亩、14.60 元/亩、16.80 元/亩、34.48 元/亩，则在基准支付水平上愿意采用各项农业低碳生产技术的农户比重将分别提高 12.69%~14.43%、8.63%~15.49%、10.75%~13.03% 和 12.70%~15.35%。影响农户对农业低碳生产技术支付意愿的因素主要包括户主性别、户主年龄、家庭蔬菜收入、蔬菜收入比重、能否获得信贷、蔬菜种植面积、从事蔬菜生产的年限、采用新技术的风险偏好、是否有政府补贴、是否加入蔬菜专业合作社、参加技术培训的次数等。其中：户主性别、家庭蔬菜收入、能否获得信贷、从事蔬菜生产的年限、农户采用新技术的风险态度、是否加入蔬菜专业合作社对农户采用低碳生产技术的支付意愿具有显著的正向影响；而户主年龄、家庭蔬菜收入比重、政府是否补贴、农户参加技术培训的次数对农户采用低碳生产技术的支付意愿具有显著的负向影响。且影响农户对不同农业低碳生产技术支付意愿的关键因素具有差异性。具体而言：影响滴灌技术支付意愿的最主要因素是从事蔬菜生产的年限和政府是否补贴；而影响测土配方施肥技术支付意愿的最主要因素则是户主性别；影响病虫害综合防治技术支付意愿的关键因素主要包

括户主年龄、蔬菜生产年限、政府是否补贴和是否参加蔬菜专业合作社，而影响秸秆综合利用技术支付意愿的关键因素则主要包括户主性别、蔬菜收入和能否获得信贷。

第六，蔬菜生产低碳化生态补偿机制的构建应综合考虑补偿主体、补偿标准和补偿方式等几个方面。蔬菜生产系统碳汇功能的生态补偿的权利主体主要是蔬菜种植户，而义务主体则主要为中央政府。通过核算我国环渤海地区各省市蔬菜生产系统农田单位面积产生的净碳汇量，并将其乘以我国碳交易市场的碳汇价格，以此作为该地区蔬菜生产系统碳汇功能的生态补偿标准。根据测算结果，我国环渤海地区蔬菜生产系统的碳汇功能生态补偿标准平均为 34.53 元/亩，相应的净碳汇量平均为 575.56 kgce/亩。各省市蔬菜生产系统碳汇功能的生态补偿标准辽宁省和天津市最高，北京市和河北省次之，而山东省最低，且各层次之间呈现出显著的差异性。蔬菜生产碳汇功能的生态补偿标准最高的是辽宁省，为 52.81 元/亩，相应的净碳汇量为 880.09kgce/亩；其光合作用碳汇和总碳排放在环渤海地区五省市中均是最高的。天津市蔬菜生产碳汇功能的生态补偿标准仅次于辽宁省，北京市和河北省略低于五省市平均水平，山东省最低，仅为 12.72 元/亩，相应的净碳汇量为 212.06kgce/亩。另外，针对蔬菜生产系统碳汇功能的生态补偿方式而言，以政府为主导的补偿方式与以市场为主导的补偿方式相比，其优势在于相对公平、操作简单和补偿方法多样；但其主要缺陷是不能够充分发挥市场价格机制对碳汇资源的优化配置作用。而且，以政府为主导的补偿方式也往往受制于政府的财政预算和较高的管理运营成本。因此，我国在逐步完善和构建全国碳排放交易体系的进程中，要更加重视以市场为主导的碳汇功能的生态补偿方式，使碳汇的市场价格成为调节蔬菜生产系统减排增汇的有效手段。

9.2 相关政策建议

根据上述研究结论，本书提出了推进我国蔬菜生产低碳化发展的相关政策建议，具体可总结如下：

第一，发展低碳蔬菜生产的关键是合理控制化肥的施用量，积极推广和全面普及测土配方施肥技术在蔬菜生产中的应用，有效提高化肥的利用效率，减少由化肥过量施用所产生的碳排放。完善农业生态环境补偿机制，促进蔬菜生产系统碳汇功能的生态环境效益发挥作用；尽快建立全国统一的碳排放交易市场，通过市场机制对碳排放权和碳汇资源进行合理配置，以缩小蔬菜生产系统碳排放及碳汇在省域之间的差异。对蔬菜生产系统的碳排放进行合理规制，同时力争提高蔬菜产量，稳定蔬菜价格，从而有效降低蔬菜生产系统的土地碳排放强度，增加蔬菜生产的碳生态效率、碳生产效率和碳经济效率；各省市在制定相关的低碳蔬菜生产政策时应重点关注具有相对劣势的碳足迹评价指标，力争消除劣势保持优势，从而全面推进本省域蔬菜生产的低碳化发展，如山东省应着重提高三种碳效率，而辽宁省则应着重降低土地碳强度。最后，低碳蔬菜生产的整体规划应充分考虑到不同省市蔬菜生产系统碳足迹综合评价值所存在的差异，给予综合评价值高的省市更多的扶持政策，优先支持具有碳足迹综合评价优势省市的蔬菜产业发展。

　　第二，规范蔬菜产业的低碳化生产标准，协调各省份蔬菜生产的低碳化发展，缩小省域间碳排放影子价格和碳排放效率的显著差异。蔬菜生产碳排放影子价格较大的省份可以通过提高农业生产要素的使用效率减少碳排放的边际减排成本，而碳排放效率较低的省份则可以通过与碳排放效率较高的省份进行技术交流和学习来提高自身的碳排放绩效。政府应促进不同类型的地区根据其比较优势来发展低碳蔬菜产业。"低成本高效率"的地区可以考虑牺牲一定的经济产出，通过减少蔬菜生产资料的投入量减少碳排放；"高成本低效率"的地区则可以通过与环境技术效率较高的省份进行技术交流和学习来提高自身的环境技术水平，进而提高蔬菜生产的环境技术效率来实现减排目标；而"低成本低效率"的地区减排潜力很大，可以同时通过减少蔬菜生产资料投入和提高环境技术水平激发其巨大的减排能力。最后，充分考虑蔬菜生产过程中所产生的碳排放给社会带来的环境成本，相关部门应将其纳入蔬菜产业经济价值的核算中，大力倡导蔬菜生产的绿色产值，积极推进蔬菜生产的低碳化发展进程，制定相关优惠政策鼓励我国蔬菜产业朝着绿色、低碳的方向发展。

第三，合理规划蔬菜生产的土地投入，杜绝蔬菜生产用地的粗放利用。由于目前我国仍然以提高产业发展的碳生产率为主要目标，因此在蔬菜生产中仍然要鼓励增加劳动投入，不宜盲目地追求机械化。稳定蔬菜价格，保障蔬菜种植户的经济收益；同时，相关优惠和扶持政策应向蔬菜种植大户倾斜，切实提高蔬菜生产的专业化水平。积极开展蔬菜生产技术的培训和推广，加大对资源节约型和环境友好型蔬菜生产技术和生产资料的补贴力度，有效发挥技术选择和制度安排在蔬菜生产低碳化发展中的重要作用。

第四，蔬菜低碳生产技术的推广应综合考虑蔬菜种植户低碳生产技术采用行为的关联效应，对于存在替代效应的低碳生产技术，应根据政策目标和农户意愿有甄别地进行推广。由于测土配方施肥技术的采用行为与滴灌技术、病虫害综合防治技术及秸秆综合利用技术的采用行为之间均存在显著的替代效应，而目前蔬菜生产碳排放的主要来源是化肥的过量投入，因此近期蔬菜生产低碳技术的推广仍然应将测土配方施肥技术放在第一位，而滴灌技术、病虫害综合防治技术和秸秆综合利用技术则可以作为远期目标逐渐进行推广普及。同时，蔬菜低碳生产技术采用行为激励政策的制定应切实注意到蔬菜种植户采用不同低碳生产技术影响因素的差异性，针对不同的低碳生产技术及管理措施制定不同的激励政策。最后，推行蔬菜生产低碳化既要充分尊重蔬菜种植户采用低碳生产技术的行为意愿，又要充分考虑当地蔬菜种植户的支付能力和学习能力，切忌强制推行，脱离实际。

第五，加大对蔬菜低碳生产技术的补贴力度，破除中低支付水平蔬菜种植户对农业低碳生产技术支付意愿偏低所形成的购买力障碍；建议政府按基准支付水平与平均支付意愿之间的差额对低碳生产技术进行补贴，若对采用滴灌、测土配方施肥、病虫害综合防治和秸秆综合利用等低碳生产技术的蔬菜种植户按每亩 214.41 元、14.60 元、16.80 元和 34.48 元的标准进行补贴，则上述各项低碳生产技术的采用率将会在基准支付水平上分别提高 12.69%~14.43%、8.63%~15.49%、10.75%~13.03% 和 12.70%~15.35%。同时，根据关键影响因素制定可行举措，全面提高蔬菜种植户对农业低碳生产技术的支付水平，如倡导蔬菜劳力年轻化，稳定蔬菜价格保障蔬菜收入，为蔬菜生产提供优惠信贷，鼓励农户加入蔬菜专业合作社等。最后，针对不同的蔬菜低碳生产技术制定不同的激励政策，充分了解影响蔬菜种植户对不同农业低碳生产技术支付意愿关键因素的差异性，既要从总体上抓住主要矛盾，又要具体问题具体分析。

第六，蔬菜生产系统的碳汇功能对生态环境具有正外部性，建议政府根据各省市蔬菜生产系统的净碳汇情况给予蔬菜种植户合理的生态补偿，以使蔬菜生产系统的碳汇功能对生态环境所产生的正外部性内部化。如山东省、辽宁省、河北省、北京市和天津市的蔬菜生产低碳化的生态补偿标准可分别厘定为每亩 12.72 元、52.81 元、28.99 元、30.86 元和 47.29 元。但需要说明的是，根据我国现行碳交易市场碳汇价格厘定的蔬菜生产低碳化的生态补偿标准偏低。目前我国碳交易市场的发展很不完善，存在着交易价格过低、开发项目领域过窄等问题。我国碳交易市场的参与主体仍然以工业企业为主，而工业行业之间的碳排放边际减排成本差异并不大，使得碳交易量和碳交易额均比较小，导致碳汇的市场价格持续低迷且波动较大。1980—2008 年我国工业全行业碳排放的边际减排成本为每吨 3.27 万元（陈诗一，2010），而 2011 年我国农业碳排放的边际减排成本则为 1.91 万元（吴贤荣等，2014）。由此推算，我国工业和农业碳排放的边际减排成本存在着约每吨 1.36 万元的显著差异；但 2013 年我国碳交易试点二级市场上的平均碳汇价格却仅为每吨 55.91 元。因此，将农业碳汇纳入碳交易市场不仅能够使得碳汇的市场价格更好地反映供需状况，而且能够使我国农田生产系统碳汇功能的生态补偿标准更趋合理和补偿方式更为多样。

9.3　讨论

综合考虑行政区划和各地区主要时节调出品种等因素，中国蔬菜产区包括华南区、长江区、西南区、西北区、东北区和黄淮海与环渤海区等六大蔬菜生产优势区域①。但由于不同蔬菜产区在地形和气候上存在较大差

---

① 资料来源：http://www.moa.gov.cn/zwllm/ghjh/201202/t20120222_2487077.htm。

异，各区域的主要蔬菜品种和生产模式也存在很大差异，如：南方气候湿热，以种植叶类蔬菜为主；北方气候干冷，以生产果类蔬菜为主，另外，北方蔬菜生产的设施化程度也要比南方发达得多。因此，出于可比性的考虑，本研究仅以环渤海地区为例对蔬菜生产碳足迹、低碳化与生态补偿机制等问题进行了探讨。另外，天气因素、蔬菜种植结构、生产资料投入结构和蔬菜价格等在调查年度之间存在差异，从而蔬菜生产的碳排放、光合作用碳汇、蔬菜产出和蔬菜产值等在不同年度之间亦存在差异。但囿于个人能力及研究期限，笔者仅能获得 2015 年环渤海地区五省市蔬菜种植户的调查数据。总之，基于跨区域和多年度的动态面板数据对我国蔬菜生产的低碳化发展问题进行多区域的动态性研究是值得进一步探讨的问题，也更具学术意义和应用价值。

参考文献

［1］ADAMS J M, PIOVESAN G. Uncertainties in the Role of Land Vegetation in the Carbon Cycle ［J］. Chemosphere, 2002, 49: 805 – 819.

［2］AN M Y. A Semiparametric Distribution for Willingness to Pay and Statistical Inference with Dichotomous Choice Contingent Valuation Data［J］. American Journal of Agricultural Economics, 2000,82(3): 487 – 500.

［3］BALAGTAS J V, KRISSOFF B, LEI L, et al. How Has U. S. Farm Policy Influenced Fruit and Vegetable Production? ［J］. Applied Economic Perspectives and Policy, 2014, 36(2): 265 – 286.

［4］BARTHELMIE R J, MORRIS S D, SCHECHTER P. Carbon Neutral Biggar: Calculating the Community Carbon Footprint and Renewable Energy Options for Footprint Reduction ［J］. Sustainability Science, 2008, 3(2): 267 – 282.

［5］BURNEY J A. Greenhouse Gas Mitigation by Agricultural Intensification ［J］. PNAS, 2010, 107(26): 12052 – 12057.

［6］COASE R. The Problem of Social Cost［J］. Journal of Law and Economics, 1960(3): 1 – 44.

［7］COGGINS J S, SWINTON J R. The Price of Pollution: A Dual Approach to Valuing SO Allowances［J］. Journal of Environmental Economics and Management, 1996(37): 58 – 72.

［8］COX D R. Regression Models and Life Tables(with discussion)［J］. Journal of the Royal Statistical Society,1972 (34): 187 – 220.

［9］CURRAN M A. Environmental Life – Cycle Assessment ［M］. New York:

McGraw – Hill, 1996.

[10]DRUCKMAN A, JACKSON T. The Carbon Footprint of UK Households 1990 – 2004: A Socio – economically Disaggregated, Quasi – multi – regional input – output Model [J]. Ecological Economics, 2009, 68(7): 2066 – 2077.

[11]DUBEY A, LAL R. Carbon Footprint and Sustainability of Agricultural Production Systems in Punjab, India and Ohio, USA [J]. Journal of Crop Improvement, 2009, (23): 332 – 350.

[12]ENGINDENIZ D Y. Recent Developments in Greenhouse Vegetable Production and Marketing in Turkey[C]. Proceedings of the 24th International Scientific – Expert – Conference of Agriculture and Food Industry, Sarajevo, Bosnia and Herzegovina, 2013: 304 – 308.

[13]FÄRE R, GROSSKOPF S, LOVELL C A K, et al. Derivation of Shadow Prices for Undesirable Outputs: A Distance Function Approach[J]. The Review of Economics and Statistics, 1993, 75(2): 374 – 380.

[14]FÄRE R, GROSSKOPF S, NOH D, et al. Characteristics of a Polluting Technology: Theory and Practice[J]. Journal of Econometrics, 2005, 126(2): 469 – 492.

[15] FÄRE R, GROSSKOPF S, PASURKAJR C. Environmental Production Functions and Environmental Directional Distance Functions[J]. Energy, 2007, 32 (7): 1055 – 1066.

[16]FÄRE R, GROSSKOPF S, WEBER W L. Shadow Prices and Pollution Costs in U. S. Agriculture[J]. Ecological Economics, 2006, 56(1): 89 – 103.

[17]FARLEY J, COSTANZA R. Payments for Ecosystem Services: From Local to Global[J]. Ecological Economics, 2010, 69(11): 2060 – 2068.

[18]FERNANDO K M C, LIEBLEIN G, FRANCIS C. Development of Sustainable Ecological Vegetable Production Systems in Matara District, Sri Lanka: An Intervention Approach[J]. Tropical Agricultural Research, 2009, 20: 279 – 289.

[19]FRANCISCO S R, ALI M. Resource Allocation Tradeoffs in Manila's Peri – urban Vegetable Production Systems: An Application of Multiple Objective Programming[J]. Agricultural Systems, 2005, 87: 147 – 168.

［20］HANEMANN W M, LOOMIS J B, KANINNEN B J. Statistical Efficiency of Double Bounded Dichotomous Choice Contingent Valuation［J］. American Journal of Agricultural Economics, 1991,73(4): 1255 – 1263.

［21］HERTWICH E G, PETERS G P. Carbon Footprint of Nations: A Global, Trade – linked Analysis ［J］. Environmental Science & Technology, 2009, 43(6): 6414 – 6420.

［22］HOU L, HOAG D L K, KESKE C M H. Abatement Costs of Soil Conservation in China's Loess Plateau: Balancing Income with Conservation in an Agricultural System［J］. Journal of Environmental Management, 2015(10): 1 – 8.

［23］IPCC. Climate Change 2007: Synthesis report ［A］//Contribution of Working Groups i, ii and iii to the Fourth Assessment Report of the Intergovernmental Panel on Climate Change. Geneva: IPCC, 2007.

［24］KEMKES R J, FARLEY J, KOLIBA C J. Determining When Payments are an Effective Policy Approach to Ecosystem Service Provision［J］. Ecological Economics, 2010, 69(11): 2069 – 2074.

［25］KMENTA J, GILBERT R F. Small Sample Properties of Alternative Estimators of Seemingly Unrelated Regressions［J］. Econometrica, 1968, 36(5S): 94.

［26］KNOWLER D, BRADSHAW B. Farmers' Adoption of Conservation Agriculture: A Review and Synthesis of Recent Research［J］. Food Policy, 2007, 32(1): 25 – 48.

［27］KUZNETS S. Driving Forces of Economic Growth: What Can We Learn from History? ［J］. Weltwirtschaftliches Archiv – Review of World Economics, 1980, 116 (3): 409 – 431.

［28］LAL R. Carbon Emission from Farm Operations［J］. Environment International, 2004(30): 981 – 990.

［29］LARSEN H N, HERTWICH E G. The Case for Consumption – based Accounting of Greenhouse Gas Emissions to Promote Local Climate Action［J］. Environmental Science & Policy, 2009, 12(7): 791 – 798.

［30］LEE J D, PARK J B, KIM T Y. Estimation of the Shadow Prices of Pollutants with Production/Environment Inefficiency Taken into Account: A Nonparametric Directional Distance Function Approach[J]. Journal of Environmental Management, 2002, 64(4): 365 – 375.

[31]LENZEN M, CRAWFORD R. The Path Exchange Method for Hybrid LCA [J]. Environmental Science &Technology, 2009, 43(21): 8251 – 8256.

[32]LOKHORST A M, STAATS H, DIJK J M, et al. What's in It for Me? Motivational Differences Between Farmers' Subsidised and Non – Subsidised Conservation Practices[J]. Applied Psychology, 2011, 60(3): 337 – 353.

[33]MARLAND G, WEST T O, SCHLAMADINGER B, et al. Managing Soil Organic Carbon in Agriculture: The Net Effect on Greenhouse Gas Emissions[J]. Tellus, 2003(55B): 613 – 621.

[34]MATTHEWS H S, HENDRICKSON C T, WEBER C L. The Importance of Carbon Footprint Estimation Boundaries [J]. Environmental Science& Technology, 2008, 42(16): 5839 – 5842.

[35]MOVILEANU V. Development of Ecological Vegetables and Diversification Production on Local Market[J]. Scientific Papers Series – Management, Economic Engineering in Agriculture and Rural Development, 2011, 12(2): 114 – 117.

[36]MURRAY B C. Overview of Agricultural and Forestry GHG Offsets on the US Landscape[J]. Choices, 2004(fall): 13 – 18.

[37]NORTH D C. Institutions, Transaction Costs and Economic Growth[J]. Economic Inquiry, 1987, XXV(7): 419 – 428.

[38]NWALIEJI A H, AJAYI A R. Farmers' Adoption of Improved Vegetable Production Practices under the National Fadama Phase One Development Project in Anambra State of Nigeria[J]. African Journal of Biotechnology, 2009, 8(18): 4395 – 4406.

[39]OGLE S M, OLANDER L, WOLLENBERG L, et al. Reducing Greenhouse Gas Emissions and Adapting Agricultural Management for Climate Change in Developing Countries: Providing the Basis for Action[J]. Global Change Biology, 2014, 20 (1): 1 – 6.

[40]PAGIOLA S. Payments for Environmental Services in Costa Rica[J]. Eco-

logical Economics, 2008, 65(4): 712 – 724.

[41] PETERS G P. Carbon Footprints and Embodied Carbon at Multiple Scales [J]. Current Opinion in Environmental Sustainability, 2010, 38(9): 4856 – 4869.

[42] PITTMAN R W. Issues in Pollution Control: Interplant Cost Differences and Economies of Scale[J]. Land Economics, 1981, 57(1): 1 – 18.

[43] POLANYI K, ARENSBERG C M, PEARSON H W. Trade and Market in the Early Empires: Economies in History and Theory[M]. Free Press, 1957.

[44] POPKIN S. Therational Peasant: The Political Economy of Rural Society in Vietnam[M]. Berkley: University of Califorlia Press, 1979.

[45] POUDEL D P, JOHNSEN F H. Valuation of Crop Genetic Resources in Kaski, Nepal: Farmers' Willingness to Pay for Rice Landraces Conservation[J]. Journal of Environmental Management, 2009, 90(1): 483 – 491.

[46] POWELL D A , BOBADILLA – RUIZ M , WHITFIELD A , et al. Development, Implementation, and Analysis of An on – farm Food Safety Program for the Production of Greenhouse Vegetables[J]. Journal of Food Protection, 2002, 65(6): 918 – 923.

[47] RIBAUDO M, GREENE C, HANSEN L R, et al. Ecosystem Services From Agriculture: Steps for Expanding Markets[J]. Ecological Economics, 2010, 69(11): 2085 – 2092.

[48] SCHMIDT H. Carbon Footprinting, Labelling and Life Cycle Assessment [J]. The International Journal of Life Cycle Assessment, 2009, 14(1): 6 – 9.

[49] SCHULTZ T W. Transforming Traditional Agriculture [M]. New Haven: Yale University Press, 1964.

[50] SCHULZ N B. Delving into the Carbon Footprints of Singapore – comparing Direct and Indirect Greenhouse Gas Emissions of A Small and Open Economic System [J]. Energy Policy, 2010, 38(9): 4848 – 4855.

[51] SCOTT J C. The Moral Economy of the Peasant: Rebellion and Subsistence in Southeast Asia[M]. Yale University Press, 1976.

[52] SMITH P, MARTINO D, CAI Z, et al. Greenhouse Gas Mitigation in Agri-

culture[J]. Philosophical Transactions of the Royal Society of London, 2008, 363 (1492): 789 – 813.

[53]SOUSSANA J F, ALLARD V, PILEGAARD K, et al. Full Accounting of the Greenhouse Gas (CO2, N2O, CH4) Budget of Nine European Grassland Sites [J]. Agriculture, Ecosystems & Environment, 2007, 121(1 – 2): 121 – 134.

[54]STRUTT J, WILSON S, SHORNEY – DARBY H, et al. Assessing the Carbon Footprint of Water Production [J]. Journal of the American Water Works Association, 2008, 100(6): 80.

[55]TAN P, ZHANG L X. The Current Situation and Countermeasures of Sustainable Development of Vegetable Production in Shanghai [J]. Acta Agriculturae Shanghai, 2008, 24(2): 103 – 106.

[56]TOSKOV G. Production of Vegetables in Bulgariaand the European Union:Current Situation and Conditions for Development[J]. Agrarni Nauki, 2012, 4(9): 91 –96.

[57]WACKERNAGEL M, REES W E. Our Ecological Footprint: Reducing Human Impact on the Earth[M]. Gabriola Island: New Society Publishers, 1996.

[58]WAITHAKA M M, THORNTON P K, SHEPHERD K D, et al. Factors Affecting the Use of Fertilizers and Manure by Smallholders: The Case of Vihiga, Western Kenya[J]. Nutrient Cycling in Agroecosystems, 2007, 78(3): 211 – 224.

[59]WATTENBACH M, SUS O, VUICHARD N, et al. The Carbon Balance of European Croplands: A Cross – Site Comparison of Simulation Models[J]. Agriculture, Ecosystems & Environment, 2010, 139(3): 419 – 453.

[60]WEBER C L, MATTHEWS H S. Quantify the Global and Distributional Aspects of American Household Carbon Footprint [J]. Ecological Economics, 2008, 66 (2/3): 379 – 391.

[61]WEI C, LÖSCHEL A, LIU B. An Empirical Analysis of the CO2 Shadow Price in Chinese Thermal Power Enterprises[J]. Energy Economics, 2013, 40: 22 – 31.

[62]WEST T O, MARLAND G. A Synthesis of Carbon Sequestration, Carbon Emissions, and Net Carbon Flux in Agriculture: Comparing Tillage Practices in the United States[J]. Agriculture, Ecosystems & Environment, 2002b, 91(1 – 3): 217 –232.

［63］WEST T O, MARLAND G. Net Carbon Flux from Agricultural Ecosystems：Methodology for Full Carbon Cycle Analysis［J］. Environmental Pollution, 2002a, 116 (3)：439 – 444.

［64］WEST T O, MARLAND G. Net Carbon Flux From Agriculture：Carbon Emissions, Carbon Sequestration, Crop Yield, and Land – Use Change［J］. Biogeochemistry, 2003(63)：73 – 83.

［65］WIEDMANN T. A Review of Recent Multi – region input – output Models Used for Consumption – based Emission and Resource Accounting［J］. Ecological Economics, 2009, 13(6)：928 – 944.

［66］WILLIAMS E D, WEBER C L, HAWKINS T R. Hybrid Framework for Managing Uncertainty in Life Cycle Inventories［J］. Journal of Industrial Ecology, 2009, 13(6)：928 – 944.

［67］WOOD R, DEY C J. Australia's Carbon Footprint ［J］. Economic Systems Research, 2009, 21(3)：243 – 266.

［68］YENGOH G T, ARMAH A M, SVENSSON M G E. Technology Adoption in Small – Scale Agriculture：The Case of Cameroon and Ghana［J］. Science, Technology& Innovation Studies, 2009, 5(2)：111 – 131.

［69］ZBINDEN S, LEE D R. Paying for Environmental Service：An Analysis of Participation in Costa Rica's PSA Program［J］. World Development, 2005, 33(2)：255 – 272.

［70］ZELLNER A. An Efficient Method of Estimating Seemingly Unrelated Regressions and Tests for Aggravation Bias［J］. Econometrica, 1962, 30(2)：368 – 369.

［71］ZHANG X P, XU Q N, ZHANG F, et al. Exploring Shadow Prices of Carbon Emissions at Provincial Levels in China［J］. Ecological Indicators, 2014, 46：407 – 414.

［72］ZHAO R Q, HUANG X J, ZHONG T Y, et al. Carbon Footprint of Different Industrial Spaces Based on Energy Consumption in China［J］. Journal of Geographical Sciences, 2011, 21(2)：285 – 300.

［73］保罗·A. 萨缪尔森,威廉·D. 诺德豪斯. 经济学［M］. 高鸿业,等译. 北京:中国发展出版社,1992.

[74] 庇古. 福利经济学(上册)[M]. 台北：台北银行经济研究室, 1971.

[75] 蔡银莺. 空间规划管制下群体福利均衡与农田生态补偿研究[M]. 北京：科学出版社, 2014.

[76] 陈红敏. 包含工业生产过程碳排放的产业部门隐含碳研究[J]. 中国人口·资源与环境, 2009, 19(3)：25 - 30.

[77] 陈红喜, 刘东, 袁瑜. 环境政策对农业企业低碳生产行为的影响研究[J]. 南京农业大学学报(社会科学版). 2013(4)：69 - 75.

[78] 陈琳, 闫明, 潘根兴. 南京地区大棚蔬菜生产的碳足迹调查分析[J]. 农业环境科学学报, 2011, 30(9)：1791 - 1796.

[79] 陈诗一. 工业二氧化碳的影子价格：参数化和非参数化方法[J]. 世界经济, 2010(8)：93 - 111.

[80] 陈勇, 李首成, 税伟. 基于EKC模型的西南地区农业生态系统碳足迹研究[J]. 农业技术经济, 2013(2)：120 - 128.

[81] 崔峰, 丁风芹, 何杨, 等. 城市公园游憩资源非使用价值评估——以南京市玄武湖公园为例[J]. 资源科学, 2012, 34(10)：1988 - 1996.

[82] 邓毅书. 无公害蔬菜——当前蔬菜生产发展的方向[J]. 农村实用技术, 2007(7)：6 - 8.

[83] 董恒宇, 云锦凤, 王国钟. 碳汇概要[M]. 北京：科学出版社, 2012.

[84] 董红敏, 李玉娥, 陶秀萍, 等. 中国农业源温室气体排放与减排技术对策[J]. 农业工程学报, 2008, 24(10)：269 - 273.

[85] 杜悦英. 碳税对减排作用有限[N]. 中国经济时报, 2010 - 03 - 18.

[86] 杜立津, 吴喜梅. 欧盟农业生态补偿支付机制对我国的启示[J]. 环境保护, 2014, 42(24)：65 - 68.

[87] 方小林, 高岚. 我国电力行业的低碳策略[J]. 全国商情(理论研究), 2010(15)：19 - 23.

[88] 费孝通. 论人类学与文化自觉[M]. 北京：华夏出版社, 2004.

[89] 冯庆, 王晓燕, 张雅帆, 等. 水源保护区农村公众生活污染支付意愿研究[J]. 中国生态农业学报, 2008 (5)：1257 - 1262.

[90] 付允, 马永欢, 刘怡君, 等. 低碳经济的发展模式研究[J]. 中国人口·

资源与环境,2008,18(3):14-19.

[91] 付意成,高婷,闫丽娟,等. 基于能值分析的永定河流域农业生态补偿标准[J]. 农业工程学报,2013(1):209-217.

[92] 葛继红,周曙东. 农业面源污染的经济影响因素分析——基于1978—2009年的竞速生数据[J]. 中国农村经济,2011(5):72-81.

[93] 葛颜祥,梁丽娟,王蓓蓓,等. 黄河流域居民生态补偿意愿及支付水平分析[J]. 中国农村经济,2009(10):77-85.

[94] 国家气候变化对策协调小组办公室,中国21世纪议程管理中心. 全球气候变化——人类面临的挑战[M]. 北京:商务印书馆,2004.

[95] 韩冰,王效科,欧阳志云. 中国农田生态系统土壤碳库的饱和水平及其固碳潜力[J]. 农村生态环境,2005,21(4):6-11.

[96] 韩召迎,孟亚利,徐娇,等. 区域农田生态系统碳足迹时空差异分析——以江苏省为例[J]. 农业环境科学学报,2012,31(5):1034-1041.

[97] 何可,张俊彪,田云. 农业废弃物资源化生态补偿支付意愿的影响因素及其差异性分析——基于湖北省农户调查的实证研究[J]. 资源科学,2013,35(3):627-637.

[98] 贺诗倪,凌远云. 集体林权制度改革成本问题研究综述[J]. 中国林业经济,2010(6):19-22.

[99] 贺亚亚,田云,张俊飚. 湖北省农业碳排放时空比较及驱动因素分析[J]. 华中农业大学学报(社会科学版),2013(5):79-85.

[100] 黄蕾,段百灵,袁增伟,等. 湖泊生态系统服务功能支付意愿的影响因素——以洪泽湖为例[J]. 生态学报,2010(2):487-497.

[101] 黄文若,魏楚. 中国各省份二氧化碳影子价格研究[J]. 鄱阳湖学刊,2012(2):70-78.

[102] 黄祖辉,米松华. 农业碳足迹研究——以浙江省为例[J]. 农业经济问题,2011(11):40-47.

[103] 侯博,应瑞瑶. 分散农户低碳生产行为决策研究——基于TPB和SEM的实证分析[J]. 农业技术经济,2015(2):4-13.

[104] 计军平,马晓明. 碳足迹的概念和核算方法研究进展[J]. 生态经

济，2011(4)：75－80.

[105] 靳乐山，郭建卿. 农村居民对环境保护的认知程度及支付意愿研究——以纳板河自然保护区居民为例[J]. 资源科学，2011(1)：50－55.

[106] 金京淑. 中国农业生态补偿研究[D]. 长春：吉林大学，2011.

[107] 金涌，王垚，胡山鹰，等. 低碳经济：理念·实践·创新[J]. 中国工程科学，2008，10(9)：4－13.

[108] 蓝家程，傅瓦利，袁波，等. 重庆市不同土地利用碳排放及碳足迹分析[J]. 水土保持学报，2012，26(1)：146－155.

[109] 李波，张俊飚. 基于投入视角的我国农业碳排放与经济发展脱钩研究[J]. 经济经纬，2012(4)：27－31.

[110] 李慧明，杨娜. 低碳经济及碳排放评价方法探究[J]. 学术交流，2010(4)：85－88.

[111] 李建伟. 蔬菜生产发展有关问题的思考[J]. 中国农业信息，2012(10)：3－7.

[112] 李旻，赵连阁. 农业劳动力"老龄化"现象及其对农业生产的影响——基于辽宁省的实证分析[J]. 农业经济问题，2009(10)：12－18.

[113] 李庆，林光华，何军. 农民兼业化与农业生产要素投入的相关性研究——基于农村固定观察点农户数据的分析[J]. 南京农业大学学报(社会科学版)，2013，13(3)：27－32.

[114] 李文华，刘某承. 关于中国生态补偿机制建设的几点思考[J]. 资源科学. 2010(5)：791－796.

[115] 李想，穆月英. 设施蔬菜种植户采用可持续生产技术的实证分析——以辽宁省农户调查为例[J]. 统计与信息论坛，2013a，28(7)：96－101.

[116] 李想，穆月英. 农户可持续生产技术采用的关联效应及影响因素——基于辽宁设施蔬菜种植户的实证分析[J]. 南京农业大学学报(社会科学版)，2013b，13(4)：62－68.

[117] 李想，穆月英. 北方保护地菜农可持续生产行为分析[J]. 中国人口·资源与环境，2013c，23(5)：164－169.

[118] 李颖. 农业碳汇功能及其补偿机制研究——以粮食作物为例[D].

泰安：山东农业大学，2014a.

[119] 李颖，葛颜祥，刘爱华，等. 基于粮食作物碳汇功能的农业生态补偿机制研究[J]. 农业经济问题，2014b(10)：33－40.

[120] 李忠旭，方天堃. 蔬菜产业组织的规范与转型[J]. 商业研究，2006 (20)：134－135.

[121] 廖薇. 气候变化与农户农业生产行为演变——以四川省什邡市农户秸秆利用行为为例[J]. 农业技术经济，2010(4)：49－56.

[122] 林本喜，邓衡山. 农业劳动力老龄化对土地利用效率影响的实证分析——基于浙江省农村固定观察点数据[J]. 中国农村经济，2012(4)：15－25.

[123] 刘琨. 生态型政府语境下的政府生态补偿责任[J]. 江苏工业大学学报(社会科学版)，2010，9(3)：20－27.

[124] 刘某承，熊英，伦飞，等. 欧盟农业生态补偿对中国 GIAHS 保护的启示[J]. 世界农业，2014(6)：83－88.

[125] 刘杨，于东升，史学正，等. 不同蔬菜种植方式对土壤固碳速率的影响[J]. 生态学报，2012，32(9)：2953－2959.

[126] 逯非，王效科，韩冰，等. 中国农田施用化学氮肥的固碳潜力及其有效性评价[J]. 应用生态学报，2008，19(10)：2239－2250.

[127] 罗党，王洁方. 灰色决策理论与方法[M]. 北京：科学出版社，2013.

[128] 马骥，蔡晓羽. 农户降低氮肥施用量的意愿及其影响因素分析——以华北平原为例[J]. 中国农村经济，2007(9)：9－16.

[129] 马友华，王桂苓，石润圭，等. 低碳经济与农业可持续发展[J]. 生态经济，2009(6)：115－118.

[130] 米松华. 我国低碳现代农业发展研究——基于碳足迹核算和适用性低碳技术应用的视角[D]. 杭州：浙江大学，2013.

[131] 米松华，黄祖辉. 农业源温室气体减排技术和管理措施适用性筛选[J]. 中国农业科学，2012(21)：4517－4527.

[132] 欧阳志云，王如松，赵景柱. 生态系统服务功能及其生态经济价值[J]. 应用生态学报，1999，10(5)：635－640.

[133] 潘家华. 新型城镇化道路的碳预算管理[J]. 经济研究, 2013(3): 12 – 14.

[134] 庞爱萍, 孙涛. 基于生态需水保障的农业生态补偿标准[J]. 生态学报, 2012(8): 2550 – 2560.

[135] (俄)恰亚诺夫. 农民经济组织[M]. 萧正洪, 译. 北京: 中央编译出版社, 1996.

[136] 乔旭宁, 杨永菊, 杨德刚. 渭干河流域生态系统服务的支付意愿及影响因素分析[J]. 中国生态农业学报, 2012(9): 1254 – 1261.

[137] 冉光和, 王建洪, 王定祥. 我国现代农业生产的碳排放变动趋势研究[J]. 农业经济问题, 2011(2): 32 – 38.

[138] 史磊刚, 陈阜, 孔繁磊, 等. 华北平原冬小麦—夏玉米种植模式碳足迹研究[J]. 中国人口·资源与环境, 2011a, 21(9): 93 – 98.

[139] 史磊刚, 范士超, 孔繁磊, 等. 华北平原主要作物生产的碳效率研究初报[J]. 作物学报, 2011b, 37(8): 1485 – 1490.

[140] 史磊刚. 我国北方典型粮食作物生产系统碳足迹评价[D]. 北京: 中国农业大学, 2012.

[141] 史清华. 农户经济增长与发展研究[M]. 北京: 中国农业出版社, 1999.

[142] 帅传敏, 张钰坤. 中国消费者低碳产品支付意愿的差异分析——基于碳标签的情景实验数据[J]. 中国软科学, 2013(7): 61 – 70.

[143] 宋博, 穆月英. 设施蔬菜生产系统碳足迹研究——以北京市为例[J]. 资源科学, 2015a, 37(1): 175 – 183.

[144] 宋博, 穆月英. 我国省域设施蔬菜生产碳排放的影子价格[J]. 农业技术经济, 2015b(8): 53 – 63.

[145] 宋博, 穆月英. 碳汇功能的设施蔬菜生态补偿机制[J]. 西北农林科技大学学报(社会科学版)[J]. 2016a(2): 79 – 86.

[146] 宋博, 穆月英, 侯玲玲. 农户专业化对农业低碳化的影响研究——来自北京市蔬菜种植户的证据[J]. 自然资源学报, 2016b(3): 468 – 476.

[147] 孙建鸿, 刘晓霞. 公共财政视域美国农业生态补偿制度的操作实践

及借鉴意义[J]. 农学学报, 2014, 4(11): 109 - 113.

[148] 孙建卫, 陈志刚, 赵荣钦. 基于投入产出分析的中国碳排放足迹研究[J]. 中国人口·资源与环境, 2010, 20(5): 28 - 34.

[149] 唐学玉, 张海鹏, 李世平. 农业面源污染防控的经济价值——基于安全农产品生产户视角的支付意愿分析田[J]. 中国农村经济, 2012(3): 53 - 67.

[150] 滕玲. 警惕! 地球越来越"暖"——世界气象组织公报显示:全球温室气体浓度再创新高[J]. 地球, 2016(2): 44 - 46.

[151] 田云, 张俊飚. 中国农业生产净碳效应分异研究[J]. 自然资源学报, 2013, 28(8): 1298 - 1309.

[152] 田云, 张俊飚, 何可, 等. 农户农业低碳生产行为及其影响因素分析——以化肥施用和农药使用为例[J]. 中国农村观察, 2015(4): 61 - 70.

[153] 涂正革. 工业二氧化硫排放的影子价格:一种新的分析框架[J]. 经济学(季刊), 2009, 9(1): 259 - 282.

[154] 王冰林, 李媛媛. 低碳经济背景下设施蔬菜产业发展策略[J]. 北方园艺, 2011(21): 186 - 188.

[155] 王欧, 宋洪远. 建立农业生态补偿机制的探讨[J]. 农业经济问题, 2005(6): 22 - 28.

[156] 王修兰. 二氧化碳、气候变化与农业 [M]. 北京: 气象出版社, 1996.

[157] 王艳. 中国温室农业生态系统碳平衡研究 [D]. 杭州: 浙江大学, 2010.

[158] 吴荣贤, 张俊彪, 朱烨, 等. 中国省域低碳农业绩效评估及边际减排成本分析[J]. 中国人口·资源与环境, 2014, 24(10): 57 - 63.

[159] 西奥多·W. 舒尔茨. 改造传统农业[M]. 梁小民, 译. 北京: 商务印书馆, 2010.

[160] 席利卿, 王厚俊, 彭可茂. 水稻种植户农业面源污染防控支付行为分析——以广东省为例[J]. 农业技术经济, 2015 (7): 79 - 92.

[161] 夏德建, 任玉珑, 史乐峰. 中国煤电能源链的生命周期碳排放系数计量[J]. 统计研究, 2010, 27(8): 82 - 89.

[162] 肖新成, 何丙辉, 倪九派, 等. 三峡生态屏障区农业面源污染的排放

效率及其影响因素[J]. 中国人口·资源与环境,2014(11):60 - 68.

[163] 邢美华,张俊彪,黄光体. 未参与循环农业农户的环保认知与影响因素研究[J]. 中国农村经济,2009(4):72 - 79.

[164] 许广月. 中国低碳农业发展研究[J]. 经济学家,2010(10):72 - 78.

[165] 严立冬,田苗,何栋材,等. 农业生态补偿研究进展与展望[J]. 中国农业科学,2013(17):3615 - 3625.

[166] 杨士弘. 城市绿化树木碳氧平衡效应研究[J]. 城市环境与城市生态,1996,9(1):37 - 39.

[167] 杨受祜. 低碳农业:潜力巨大的低碳经济领域[J]. 农村经济,2010(4):3 - 5.

[168] 杨顺江,张俊飚,陈少群. 中国蔬菜产业"走出去"问题的战略思考[J]. 调研世界,2004(7):20 - 24.

[169] 杨顺江,中国蔬菜产业发展研究[M]. 北京:中国农业出版社,2004.

[170] 尹成杰. 农业多功能性与推进现代农业建设[J]. 中国农村经济,2007(7):4 - 9.

[171] 应瑞瑶,徐斌,胡浩. 城市居民对低碳农产品支付意愿与动机研究[J]. 中国人口·资源与环境,2012(11):165 - 171.

[172] 于文金,谢剑,邹欣庆. 基于 CVM 的太湖湿地生态功能恢复居民支付能力与支付意愿相关研究[J]. 生态学报,2011(23):286 - 293.

[173] 喻永红,张巨勇. 农户采用水稻 IPM 技术的意愿及其影响因素——基于湖北省的调查数据[J]. 中国农村经济,2009(11):77 - 86.

[174] 袁鹏,程施. 我国工业污染物的影子价格估计[J]. 统计研究,2011(9):66 - 73.

[175] 展茗,曹凑贵,江洋,等. 不同稻作模式下稻田土壤活性有机碳变化动态[J]. 应用生态学报,2010(8):2010 - 2016.

[176] 张德纯. 低碳农业中的蔬菜产业[J]. 中国蔬菜,2010(9):1 - 3.

[177] 张锋,曹俊. 我国农业生态补偿的制度性困境与利益和谐机制的建构[J]. 农业现代化研究,2010,31(5):538 - 542.

[178] 张五常. 经济解释(卷四:制度的选择)[M]. 北京:中信出版

社,2002.

[179] 张新民. 农业碳减排的生态补偿机制[J]. 生态经济, 2013(10):
107 - 110.

[180] 赵连阁,蔡书凯. 农户 IPM 技术采纳行为影响因素分析——基于安
徽省芜湖市的实证[J]. 农业经济问题,2012(3):50 - 57.

[181] 赵连阁,蔡书凯. 晚稻种植农户 IPM 技术采纳的农药成本节约和粮
食增产效果分析[J]. 中国农村经济,2013(5):78 - 87.

[182] 赵明. 稳定蔬菜生产发展、保障市场供应的政策建议——基于上海、
江苏两地蔬菜生产的调研[J]. 蔬菜, 2011(5):1 - 4.

[183] 郑海霞,张陆彪,涂勤. 金华江流域生态服务补偿支付意愿及其影响
因素分析[J]. 资源科学, 2010, 32(4):761 - 767.

[184] 中国环境与发展国际合作委员会. 能源、环境与发展——中国环境
与发展国际合作委员会年度政策报告(2009)[M]. 北京:中国环境科学出版
社,2010.

[185] 周宏春. 低碳经济学:低碳经济理论与发展路径[M]. 北京:机械工
业出版社, 2012.

[186] 周宏春. 解惑低碳经济[N]. 社会科学报,2009 - 10 - 15.

[187] 周宏春,吴平. 低碳背景下的中国能源战略[J]. 徐州工程学院学报
(社会科学版),2012, 27(3):16 - 24.

[188] 周力,郑旭媛. 基于低碳要素支付意愿视角的绿色补贴政策效果评
价——以生猪养殖业为例[J]. 南京农业大学学报(社会科学版), 2012(4):
85 - 91.

[189] 周应恒,吴丽芬. 城市消费者对低碳农产品的支付意愿研究——以
低碳猪肉为例[J]. 农业技术经济, 2012(08):4 - 12.

[190] 褚彩虹,冯淑怡,张蔚文. 农户采用环境友好型农业技术行为的实证
分析——以有机肥与测土配方施肥技术为例[J]. 中国农村经济,2012(3):
68 - 77.

[191] 诸培新,任艳利,曲福田. 经济发达地区耕地非市场价值及居民支付
意愿研究——以南京市为例[J]. 中国土地科学, 2010(6):50 - 55.

［192］祝华军,田志宏.低碳农业技术的尴尬:以水稻生产为例[J].中国农业大学学报(社会科学版),2012,29(4):153-160.

［193］祝华军.低碳农业技术经济分析及发展机制研究[D].北京:中国农业大学,2013.

［194］朱启荣.城郊农户处理农作物秸秆方式的意愿研究——基于济南市调查数据的实证分析[J].农业经济问题,2008(5):103-109.

［195］邹彦,姜志德.农户生活垃圾集中处理支付意愿的影响因素分析——以河南省淅川县为例[J].西北农林科技大学学报(社会科学版),2010(4):27-31.

后 记

燕子去了,有再来的时候;杨柳枯了,有再青的时候;桃花谢了,有再开的时候。但是,聪明的,你告诉我,我们的日子为什么一去不复返呢?

——选自朱自清《匆匆》

时光宛如白驹过隙,匆匆流逝。博士毕业已逾三载,吾亦从教时过三秋,本书即是在我博士学位论文的基础上完成的。回顾三年前在中国农业大学经济管理学院的求学之路,心中仍是感慨万千! 常自问,经历了春日之桃花烂漫、夏夜之浮光掠影、秋天之丹桂飘香、冬霁之踏雪访梅,美丽的农大校园里是否沾满了我深深浅浅的脚印? 其间经历过迷茫也感受过柳暗花明的快乐;各种甘苦,如鱼饮水,冷暖自知。那是一段多么热情奔放而又抒情浪漫的岁月啊! 走过艳阳高照的晴天,走过淅淅沥沥的雨季,走过欢笑,走过痛苦,走过光明,走过黑暗,一直走,一直走……不承想,转眼间就走到了毕业季;才发现,往常校园里貌似稀松平常的一草一木都让我留恋不已! 但最让我留恋和难忘的还是那些一路走来伴我左右的良师益友!

六年前,我慕名并有幸拜在穆月英教授门下,受恩师教诲,如沐春风,受益匪浅。从科研项目到社会实践,穆老师都给予了我很多宝贵的锻炼机会;从人生理想到日常生活,穆老师都给予了我无微不至的关心。导师渊博的知识、敏锐的洞察力、拓新的思维、严谨的治学态度、持之以恒的工作作风和刚正不阿的为人无不深深地震撼着我,并将激励我在今后的人生旅程中拼搏进取!"桃李不言,下自成蹊",在本书即将付梓之际,谨向恩师致以深深的敬意与感激! 在博士论文的写作过程中,从论文的选题、结构框架的确立、资料的查找到最后整理成文都凝结着导师的心血。只希望自己的表现未曾辜负恩师的谆谆教诲和殷殷期望！

感谢中国农业大学经济管理学院的辛贤教授、郭沛教授、何秀荣教授、李秉龙教授、武拉平教授、司伟教授、方向明教授、郑志浩教授、白军飞教授、王秀清教授、张正河教授、冯开文教授、乔娟教授、赵霞教授、马骥教授、李军教授、李平教授、田志宏教授、张莉琴教授、林万龙教授、林海副教授、朱晨副教授、方芳老师、杨欣老师和王尧老师！在我博士研究生期间的学习和生活中他们也同样给予了我教导与鼓励，使我在农业经济管理学科领域汲取了丰富的知识，他们的言传身教我将永远铭记在心！

感谢中国农业科学院农业信息研究所的聂凤英研究员、中国农业科学院农业经济与发展研究所的赵芝俊研究员、中国人民大学农业与农村发展学院的王志刚教授！他们在我博士学位论文的评审和答辩过程中提出了中肯和宝贵的修改意见，他们睿智的思考和精彩的评论对我博士学位论文的进一步完善极富启发性，在此谨致谢忱！

感谢我的同门师兄（姐）弟（妹），在从博士论文选题到完稿的过程中，我们前前后后进行过二十多次研讨，他们为我提出了很多中肯有益的意见；参加师门 seminar 的同门包括沈辰师兄、赵亮师兄、李想师兄、范垄基师兄、陈晓娟师姐、乔金杰师姐、董莹师妹、孟阳师妹、吴舒师妹、张荣驹师弟、李靓师妹、王欢师妹、韩婷师妹、张哲晰师妹、袁野师弟、杨鑫师弟、康婷师妹、丁建国师弟、于丽艳师妹、王鸣师妹、徐依婷师妹和刘凯师弟。

感谢我的博士同学和朋友们，尤其是侯国庆、孙良斌、张亦弛、李隆伟、胡鹏、夏兴、高鸣、曹帅、胡振、寇光涛、杨华磊、魏占祥、肖亦天、朱葛军、任建超、舒畅、邓婷鹤、季柯辛、王燕青、王雪娇、柳苏芸、王贝贝。是他们在漫漫求学路上伴我走过这样一段美好的岁月；是他们慷慨地和我分享每一点喜悦和快乐，分担每一次痛苦与落寞；是他们包容了我偶尔的自私和喜怒无常的坏情绪……愿我们的友谊地久天长！

感谢我的父母，他们用无私之大爱、辛劳之汗水为我的人生筑起了进步的阶梯！无论遇到什么困难，他们都是我永远的依靠！他们的付出换来了我的成长，他们的期望换来了我的进步。"谁言寸草心，报得三春晖"，希望我的进步能够给他们带去欣慰和快乐。

　　感谢一直陪伴和支持我的爱人张林女士,去农大时,我们正值热恋;临近毕业,我们喜结良缘!一千多个日日夜夜,承载了我们多少离别和相思!常言道,十年修得同船渡,百年修得共枕眠;前世五百次的回眸才换来今生的一次擦肩,我会好好珍惜这来之不易的缘分!不求来世了,只盼今生!现如今,我们又有了两个聪明可爱的宝贝女儿,愿她们的到来能使我更加懂得爱与家的珍贵!

　　怀揣一份喜悦一份憧憬,倚门回首,那些珍贵的日子依然远去;凭窗遥望,一段崭新的路途将在我的脚下延伸。最后,谨以此书献给我挚爱的父母、妻子和女儿!

宋　博
乙亥腊月于郑州